KB196556

체리재배
MANUAL

체리재배
MANUAL

ⓒ 이태형, 2025

초판 1쇄 발행 2025년 1월 20일

지은이   이태형
펴낸이   이기봉
편집   좋은땅 편집팀
펴낸곳   도서출판 좋은땅
주소   서울특별시 마포구 양화로12길 26 지월드빌딩 (서교동 395-7)
전화   02)374-8616~7
팩스   02)374-8614
이메일   gworldbook@naver.com
홈페이지   www.g-world.co.kr

ISBN   979-11-388-3929-7 (03520)

이태형 지음

체리재배
MANUAL

Cherry Cultivation
Manual

좋은땅

🌿 체리재배 메뉴얼을 출판하면서 🌿

2024년 어느 분이 물어 왔습니다.

자네는 체리재배에 성공했는가?

그 말을 듣고 많은 갈등을 했습니다.

난 과연 체리재배에 성공한 농가인가?

저의 답은 ....

아직은 성공했다고 말할 수 없지만 실패했다고도 할 수 없습니다.

단 어떻게 하면 실패하는지는 이제 알고 있습니다.

그러면 어떻게 하면 실패하는지를 책으로 엮어라.

그게 진정한 농사꾼이다.

그래야 다른 사람들이 그 길을 가지 않을 것이다.

20년 동안 보고 느끼고 실패한 농가들의 이야기를 진솔하게 적어라.

그게 역사가 되고 뒤집어서 성공의 길이 될 수도 있다.

제가 이 책을 다시 쓰게 된 이유이기도 합니다.

저는 이 책을 읽는 모든 분들이 반드시 성공한다는 보장을 못 합니다.

단지 많은 분들이 그동안 체리는 안 된다는 인식이 되어 있는 게 안타까워서 대한민국에서 체리는 이렇게 해서 실패했다는 이야기를 하고 싶어서 이 글을 씁니다.

여러분들의 농장을 잘 보십시오.

실패한 농가들의 모습을 따라가고 있지 않은지요?

저는 이제 실패하지 않을 자신이 있습니다.

그래서 올해까지 갱신을 합니다.

저 집은 십 수년째 갱신만 하고 있더라고……

네, 맞습니다.

그동안 좋은 품종이 없어서 재배 방법을 몰라서 헤맨 세월이 20년입니다.

이제는 당당하게 이야기 할 수 있을 것 같습니다.

우린 이래서 실패를 했고 이제 다시 일어나고 있다고요.

그동안 제가 소홀했던 체리재배 농가들에게 지면을 통해서라도 사과드립니다.

저도 성공하지 못한 놈이 성공한 것처럼 이게 정답인냥 굴었던 점을 사과드립니다. 저도 어쩜 무서웠는지 모릅니다.

정말 영원히 체리재배를 실패작으로 끝내 버릴지도 모른다는 불안감에 화도 내기도 하고 무심히도 지나가고 했었습니다.

이제는 좀 더 당당해지고 싶습니다.

난 체리재배 성공한 농가가 아닙니다.

지금도 우여곡절을 겪고 있습니다.

하지만 이제는 성공할 자신이 있습니다.

그 이야기들을 써 보겠습니다.

2024년 이태형 드림

🌿 목차 🌿

체리란

대한민국에서 체리는 위 사진처럼 노란색을 가지면서 붉은색을 겸한 연육종 체리와 흑
자색 또는 빨강색을 가진 체리 두 종류만 존재한다고 생각하는 게 맞을 겁니다.

많은 분들이 체리를 처음 심으시면서 오해하시는 품종으로는 바이오 체리라는 품종이 있습니다.

이 품종은 체리가 아닙니다.

흑등금이라는 자두품종으로 일본에서 남양이라는 체리 품종의 수분수로 만들어졌지만 수분 효율이 좋지 않아서 그냥 흑등금으로 남겨 둔 거를 우리나라에 들어와서 바이오 체리라는 이름으로 유통되다 보니 많은 분들이 이것도 체리인 줄 알고 심으신 분들이 많은 걸로 알고 있습니다.

초창기에 체리로 알고 심으신 분들 중에 나중에 자두라는 걸 알고 목숨을 끊으시는 분도 봤습니다.

제발 바이오체리는 체리라는 상표 말고 흑등금이라는 자두로 판매되길 바라는 마음입니다.

품종의 특성

연육종 품종

노란색을 가지고 빨간색을 더한 연육종 체리는 흔히 일본에서 개발되어 국내에 수입된 체리가 많습니다.

가장 흔한 품종은 좌등금이라는 품종입니다.

좌등금은 4~5g정도 크기로 한 나무당 200~400kg 이상을 수확할 수 있는 품종입니다.

일본에서도 크기가 작다 보니 크기를 키우려고 적화(꽃을 미리 따내는 작업)나 적과(열매를 따내는 작업)을 해서 크기를 키우는 품종으로 이런 작업을 통해서 최고의 품질을 인정받은 제품은 1kg에 10~30만 원에 판매되는 품종입니다.

일본의 마트나 백화점에 판매되고 있는 체리 포장모습. 종이상자 또는 나무상자에 포장해서 유통합니다.

주의사항: 우리나라에서 좌등금으로 사진과 같은 체리 색을 내는 게 쉬운 일이 아닙니다. 이분들은 잎사귀를 말아 올려서 고무줄로 묶으면서 반사필름까지 깔아야 이 정도의 색이 나온다고 하니 참고하세요.

(사진출처: 황인자 포장 연구소 제공)

국내에서도 이정도로 포장을 할 수 있지만 단가는 5만원 이내에 판매되는 실정입니다. 크기도 작고 색도 일본만큼 받쳐 주지 못하죠.

더 문제는 좌등금으로 이렇게 포장하는 아니고 원래 크기가 큰 레이니어나 화립금으로 포장을 한다는 거죠.

맛으로는 기가 막히게 좋은 품종입니다.

크기가 작고 붉은색이 안 나오는 게 문제이고 택배를 보낼 수가 없을 정도로 부드럽고 겉이 연약해서 조금만 움직여도 노란색 부분이 멍이 들어서 약간 검은색으로 변한다는 단점이 연육종의 특징입니다.

저도 처음에 모르고 택배를 보냈다가 100kg 정도가 크레임이 들어와서 드시는 건 문제 없으니 그냥 드십시오 하고 돈을 다시 돌려 보낸 적이 있어서 잘 알고 있습니다.

그런 이유 탓인지 저는 연육종은 권하질 않습니다.

맛은 분명히 좋습니다.

그러나 경매장이나 과일가게를 하는 소매상에서는 극도로 싫어합니다.

현장에서 따먹으면 연육종처럼 맛있는 체리는 없습니다.

하지만 소비자는 좋아하지 않습니다.

경매장에서도 좋아하지 않습니다.

현장판매나 체험농가에서는 식재하셔도 됩니다.

하지만 저는 체험장도 경육종(검붉은색) 체리를 심습니다.

따서 먹을 때는 노란색이 맛있다고 하지만 정작 포장지에 따는 건 검붉은 색을 담습니다.

내가 맛있는 건 나만 맛있으니 나만 심어서 드십시오.

판매는 어렵습니다.

그나마 지금은 홍수봉이라는 품종이 있어서 색깔은 붉은색으로 잘 나오지만 판매는 똑같다고 보시는 게 맞을 겁니다.

그나마 정품 홍수봉은 덜하지만 우리나라 80% 이상이 가짜 홍수봉으로 알고 있습니다.

※ 현재 국내에서 재배되고 있는 연육종 체리품종※

· **좌등금**(일본의 대표적인 품종으로 가장 널리 퍼진 품종)

· **선발좌등금**(좌등금보다 열매가 크다고 알려진 좌등금 변이종)

· **홍수봉**(개수봉, 떵수봉, 등등 여러 이름으로 유통되는 가짜들이 많음)

· **산수봉**(레디언스펄로 알려진 품종이나 확실하지 않아서 산수봉이라고 칭함)

· **화립금**(일본천향원품종중 열매가 크고 좌등금 맛이 나는 품종)

· **레이니어**(미국에서 주로 재배하며 미국에서도 체험을 가장 많이 하는 품종임)

· **로즈레이니어**(용인에서 처음 들어온 품종으로 익으면 붉은색이 나온다고 알려짐)

· **얼리로빈**(지금은 거의재배를 하지 않은 품종이나 초기에 나오는 연육종임)

· **월산금**(진정한 노란체리 익어도 노란색임 수분수가 확실하지 않아서 잘 안 열림)

중국에서 들어온 몇 가지도 있으나 재배하는 농가가 거의 없고 잘 알려지지 않아서 여기서는 언급을 하지 않겠습니다.

대신 수입되는 체리중에서 노란색 체리로 잘 알려진 스카이라레(skylar rae) 체리는 레이니어 가지변이 품종으로 레이니어보다 더 달콤하다고 잘 알려진 체리입니다.

연육종 품종 특성을 종합해 정리하면 아래와 같습니다.

맛이 좋다.

체험용으로 많이 식재한다.

아무렇게 키워도 살 열린다.

국내에서 오래된 체리농가는 거의 이런품종이다.

대표적으로 좌등금과 레이니어가 있다.

수분수로도 좋다.

단점으로는

열매가 너무 많이 열려 작아진다.
수확 후 절대 저장고에 넣으면 안 된다.
택배 시에도 특별히 신경 써야 한다.
우천 시 쉽게 물러진다.
수확시기에 비를 절대 맞으면 안 된다.
수확시기를 늦추면 안 된다.

저는 이번 체리재배 메뉴얼에서는 연육종 체리에 대해서는 크게 언급하지 않고 경육종인 흑자색 체리에 대해서 주로 이야기할 것이기 때문에 이 책자를 구입해서 참고하시는 분들이 오해가 없으셨으면 좋겠습니다.

20년 전에 체리를 심으려고 보니 국내에 있는 모든 품종은 전부 좌등금이었습니다. 정확하게는 좌등금 계열로 전부 노란체리종류 뿐이었습니다.

그나마 흑자색 이라고는 만생종 종류로 장마철에 수확하는 품종뿐이었습니다. 2020년까지 식재하신 분들 대부분은 전부 좌등금계열을 심었습니다.

저도 마찬가지였습니다.

2015년도에 6천 평으로 늘린 체리밭도 좌등금계열이었습니다.

2020년도부터 갱신을 한다고 전부 베어내고 있으니... ㅠㅠㅠㅠㅠㅠ

흑자색 품종

경육종 체리는 흔히 우리가 접하게 되는 수입 체리라고 보시면 됩니다.

정확히는 흑자색 체리라고들 합니다.

가장 흔하게 접하고 맛이나 경도를 평가할 때 기준이 되는 품종으로는 빙(big)이라는 품

종이 대표적입니다.

이 품종은 북미 쪽에서 기준이 되는 품종입니다.

빙보다 달아?

빙보다 단단해?

빙보다 일찍 익어?

이렇게 북미쪽에서는 빙을 기준으로 삼는 대표적인 품종입니다.

크고(10~12g) 단단하고 맛이 좋기로 판명이 나있습니다.

우리나라도 6월 20일이 님으면 위싱턴 체리라고 들어오는 품종이 거의 빙이라고 보시면 될 겁니다.

개화시기나 수확시기를 빙과 같으면 0으로 표시하고 빙보다 빠르면 -로 표시하고 늦으면 +로 표시 할 정도로 북미 체리의 모든 기준은 빙으로부터 출발합니다.

빙은 중생종으로(우리나라 중부지방 기준으로는 6월 중하순경) 열매가 단단하고 시원한 단맛이 강하여 북미 쪽에서 신품종을 만들 때도 기준으로 삼고 만든다고 합니다.

그러나 요즘에는 열과에 약하다는 단점 때문에 블랙펄 버건디펄 애보니펄로 교체를 많이 한다고 합니다.

하지만 유럽은 다릅니다.

유럽은 빙체리 품종보다 이전부터 기준이 되어온 블랏(burlat) 품종을 기준으로 합니다.

얼리블랏이라고도 불리우는 이 품종은 조생종으로 약간 무르고 크기는 10~11g정도입니다.

유럽에서는 이 품종을 기준으로 개화시기와 수확시기를 표시합니다.

그러므로 혹시 외국 체리재배 메뉴얼을 접하게 되더라도 미국기준과 유럽 기준이 다르다는 걸 아시고 공부를 하시면 좋을 것 같습니다.

우리나라 농가에서 흔히 판매되는 흑자색 체리의 포장모습입니다. 보통 일반 농가에서는 500g 당위로 포장해서 로컬판매장이나 직거래로 많이들 판매하고 있습니다.

흑자색 품종의 특성을 보면 아래와 같습니다.

맛이 좋은 품종과 맛이 없는 품종의 격차가 크다.

크기가 큰 품종과 작은 품종의 격차가 크다.

재배하는 방법이 품종별로 다르다.

(결과지가 잘나오는 품종 나오지 않은 품종

직립형의 품종과 축 처지는 품종. 중간형의 품종 왜성인 품종 등)

단단한 품종과 부드러운 품종 간 격차가 크다.

체리재배에서 가장 중요한 것은 품종의 선택입니다.

전 세계에는 체리 품종이 6000여종이 넘게 있습니다. 현재 국내에 들어와 있는 품종들도 200여 가지가 넘습니다.

그중에서 재배하기가 쉬워야 합니다.

투자비가 적게 들어야 합니다.

판매하기가 쉬워야 합니다.

열과에 강해야 합니다.

새 피해가 없어야 합니다.

잘 안 죽어야 합니다.

많이 열려야 합니다.

소비자나 소매상들이 좋아해야 합니다.

상품화율이 높아야 합니다.

주인에게 보람을 주는 품종이여야 합니다.

저는 위 10대 원칙을 고수합니다.

그래서 하우스 투자한다고 하면 차라리 SS기를 사라고 합니다.

화분재배 한다고 하면 체리하지 마시고 블루베리를 심으라고 합니다.

최소의 투자로 최대의 이익을 만들고자 하시면 공부하십시오.

아는 만큼 쉬워집니다.

아는 만큼 돈이 됩니다.

아는 만큼 건강해집니다.

이제 본격적으로 흑자색 체리 이야기들을 하겠습니다.

국내에서 재배되고
있는 흑자색 품종들

● ● ● ●

· **얼리블랏(Early burlat)**: 유럽의 기준이 되는 체리품종

- **크기**: 10~11g

- **개화시기**: 이른시기

- **수확시기**: 개화 후 50일경 수확

- **당도**: 약 16~18bix

- **열과**: 보통 정도의 열과를 가지고 있음.

- **수분수**: 일찍 피는 라핀 버건디펄 브룩스 등으로 알려짐.

- **특징**: 열매는 약간 무른 편에 속하고 산미가 약하여 체리 본연의 단맛이 난다.

· **크리스탈리아(Crystalian)**: 유럽에서 현재 재배되고 있으나 우리나라 품종하고는 차이가 있어 보임. 유럽에서는 중생종으로 알려져 있으나 우리나라에서는 극조생으로 생산됩니다.

- **크기**: 8~10g

- **개화시기**: 얼리블랏이나 라핀보다 일주일 정도 빨리 핌.

- **수확시기**: 개화 후 45일경 수확

- **당도**: 16bix이상

- **열과**: 보통 정도의 열과를 가지고 있음.

- **수분수**: 자가수정 품종으로 판명됨. 혼자 일찍 피고 잘 열림.

- **특징**: 단맛만 있고 산미가 없어서 신맛을 싫어하시는 분들에게는 좋음. 토양에 따라 단

맛이 강하고 약하고 하기 때문에 토양관리를 잘해야 함.

· **겔조생**: 국내 게으름뱅이농장에서 헝가리에서 써미트라고 수입해서 식재한 것 중에서 일찍 익는 조생이 있어서 처음에는 게으름뱅이 겔을 붙여서 겔써미트로 통영되다가 겔조생이라는 이름으로 유통됨.

차후에 들어온 경로를 알아 보니 헝가리 품종 중에 카르멘(Carmen)이라고 알려졌으나 아직은 정확하지는 않음.

- **크기**: 11~12g
- **개화시기**: 일찍 개화하는 라핀이나 첼란보다 1~2일 먼저 개화함.
- **수확시기**: 개화 후 45일 전후(극조생품종임)
- **당도**: 17bix 이상
- **열과**: 열과는 보통정도이므로 무조건 노지에서는 parka를 사용해야 합니다.
- **수분수**: 개화시기에 정확하게 일치되는 품종이 없고 1~2일후에 첼란이나 라핀 등이 개화하기 때문에 개화시기를 늦추던지 수분수를 잘 맞추면 다 수확품종임
- **특징**: 수분수가 맞지 않아서인지는 몰라도 많이 열지 않다 보니 나무 새력이 엄청 좋습니다. 콜트에는 절대 접목을 하지마시고 크림슨 6번 정도에 접을 하면 다수확이 가능하나 극조생 품종의 특징이 새의 먹이에 잘 노출되어 모든 새들이 덤벼드니 필히 방조망을 해야 합니다.

신맛이 강하여 막 수확하면 시다는 표현을 많이 합니다.

재배 중에 가리를 많이 주고 저장고에 2~3일 저장하면 신맛이 약해지고 단맛이 더 강해지는 특징이 있습니다.

· **브룩스(Brooks)**: 국내에 여러 경로로 수입되어 퍼진품종이나 대표적인 거는 게으름뱅이농장에서 200주를 기세라 6번에 붙어 있는 품종을 들여와서 재배하기 시작했으며 여기에서 코랄과 브룩스라는 품종이 퍼진 걸로 알려짐.

- **크기**: 11~14g

- **개화시기**: 일찍 개화(라핀 첼란등과 동시에 개화함)

- **수확시기**: 개화 후 50~55일 전후(조생종)

- **당도**: 18bix 이상

- **열과**: 아침 안개에도 열과되는 품종으로 코랄샴페인과 같이 열과에 가장 취약한 품종입니다.

- **수분수**: 라핀 첼란 버건디펄 애보니펄등과 같이 개화하므로 일찍 개화하는 품종이 있으면 가능함.

- **특징**: 워낙 단단하고 당도가 높아 맛이 좋으나 과경이 짧고 열과에 취약합니다.

  비가림이나 하우스 안에서도 열과에 안전하지 않다 보니 국내에서는 흑자색으로 성숙될 때까지 두지 않고 빨간색이 진해지면 수확을 해버리는 특징이 있습니다. 그래서 수입거와 비교해서 맛이 없다는 평가를 받지만 국내에서도 흑자색으로 익은 브룩스는 정말 맛이 좋습니다. 하지만 열과에 약하니 참고하시길 바랍니다.

· **코랄 샴페인(Coral champagne)**: 게으름뱅이 농장에서 브룩스와 같이 심어져 있는 품종에서 크림슨 대목에 접이 되는 건 코랄 크림슨 대목에 접이 되지 않은 품종은 코랄로 유통되기 시작함.

  아직도 어떤 게 코랄이고 브룩스인지는 모름. 제 개인적인 생각은 둘 다 코랄인거 같지만 브룩스로 부르니 그런가 보다 하고 있습니다. 많은 면적이나 농가가 식재한 게 아니기에 크게 신경 쓰지 않음.

  품종 특징은 브룩스와 똑같음

· **러시아 8호**: 현재까지 국내에 가장 많은 면적이 식재된 품종입니다. 중국에서 들어왔으면 3곳 이상의 종묘상에서 들여와 판매를 시작했으나 3곳의 나무들이 전부 다르다는 특징이 있음.

러시아 8호는 펜덴트형의 체리로 축축 쳐지는 특성이 있으나 한곳품종만이 펜덴트 형이고 나머지는 직립형과 반직립 형으로 자라고 있음.

5~6년 동안 가장 많이 팔린 품종으로 국내에 들어온 지는 2017년도부터 판매되기 시작함. 2010년도에 최초로 거창으로 들여왔으나 외면당한 품종으로 차후에 알려져 엄청 팔린 품종임.

- **크기**: 12~14g
- **개화시기**: 일찍개화(라핀 첼란 등과 같이 개화함)
- **수확시기**: 개화 후 55~60일 전후(조생종)
- **당도**: 18bix 이상
- **열과**: 열과에도 강하나 parka를 미리 2회 정도 해 주면 좋습니다.
- **수분수**: 중국자료에는 라핀과 러시아 5호라고 알려져 있으나 국내에서는 같이 개화하나 열매는 잘 안 열림.
- **특징**: 8년 동안 가장 많이 판매된 품종이지만 현재 수확하는 농가가 없다고 알려져있으며 러시아8호 열린 걸 봤다는 분은 6년생에 1kg 열렸더라 정도입니다. 열리지 않은 이유가 명확하게 밝혀지지 않은 품종으로 많은 농가들이 체리는 안 된다고 알려진 품종 중 대표적인 품종입니다.

· **겔 프로(gel pro)**: 미국에 특허가 걸려 있는 두품종 우즈벡 두품종을 순천에 주면서 잘 붙어서 키워봐 좋은 품종 하나는 걸릴 거다 했던 것 중에 조생으로 익는 품종을 선발하여 붙어진 이름입니다.

- **크기**: 12~14g
- **개화시기**: 일찍 개화(라핀 첼란등과 같이 개화하나 남부지방에서는 하루 이틀 정도 빠르다고 알려짐)
- **수확시기**: 개화 후 55~60일 전후(조생종)
- **당도**: 18bix 이상

- **열과**: 열과에도 강하나 parka를 미리 2회 정도 해 주면 좋습니다.
- **수분수**: 겔조생 첼란 라핀 등과 동시에 개화하므로 애보니펄이나 버건디펄만 있어도 될 거라 봅니다.
- **특징**: 이 품종은 제가 권장하는 조생종 품종중 하나입니다.

  성장은 펜던트형이나 첫해에는 반직립 형태로 큽니다.

  콜트에서도 접목 첫해부터 화속이 들어오는 품종으로 재배하기가 편합니다.

  많이 열리면 열매가 10~11g작아지니 5년이 지나면 과감하게 전정을 해서 적게 열리도록 하면 좋습니다.

  병충해에 강하므로 수확 후에는 특별히 관리하지 않아도 됩니다.

· **타이톤(Tieton)**: 미국에서 만든 품종이지만 정작 미국에서는 많이 재배하지 않으며 중국에서 가장 많이 재배하는 품종입니다.

  중국에서는 미조라는 품종으로 알려져 있으며 중국에서 가장 인기 있는 품종입니다.
- **크기**: 14g 이상
- **개화시기**: 일찍 개화(라핀 첼란등과 같이 개화)
- **수확시기**: 개화 후 55~60일경
- **당도**: 14bix
- **열과**: 열과에도 약해서 노지보다는 비가림이 좋다고 알고 있습니다.
- **수분수**: 미국과 중국에서는 무조건 써미트(중국에서는 사밀두라고함)를 사용합니다.

  그동안 우리나라에서는 라핀을 사용했으나 라핀을 사용한 농가는 배꼽열과로 인해서 거의 수확을 못 하였습니다. 무조건 써미트를 시용히세요.

  (타이톤은 배꼽이 약간 들어가 있고 배꼽 부분의 큐티클층이 특히 약한 품종입니다. 써미트(사밀두)는 배꼽 부분이 유난히 길게 나온 품종으로 이 두품종으로 수분을 하면 타이톤의 배꼽 열과가 현저하게 줄어든다고 알려져 있습니다.)
- **특징**: 이 품종은 반 개장형으로 자라며 적뢰 적화 적과를 해야 하는 품종입니다. 만일

적뢰 적화 적과 중 한 가지라도 빠트린다면 열매 수확 후 팔아먹을 게 30%정도 만 나온 다고 봐야 할 겁니다. (과경이 짧고 다수확 품종이다보니 한곳에 뭉쳐서 열리고 열매끼리 서로 짓이겨져서 수확하시면 비품으로 빠지는 게 너무 많습니다.)

· **블랙펄(Black pearl)**: 미국에서 요즘 많이 식재되고 있는 품종입니다.

　그러나 비가 많은 동부지역에서는 재배를 기피한다고 알려져 있으나 동부지역 중에서 일부는 많이(해발이 높아 여름비가 덜오는 지역) 식재한다고 알려져 있습니다.

- **크기**: 10~11g(이것은 국내 크기입니다. 미국은 12g정도로 알려져 있습니다)

- **개화시기**: 일찍 개화(라핀 첼란등과같이 개화)

- **수확시기**: 개화 후 55~60일(조생종)

- **당도**: 18bix 이상

- **열과**: 열과에는 강한 편이나 parka를 2회 정도 해 주면 좋습니다.

- **수분수**: 첼란 또는 버건디펄로 알려 있음.

- **특징**: 우리나라에서도 관심이 많은 품종이고 미국에서도 관심이 많은 품종입니다. 하지만 미국 동부권 대학의 자료를 보면 어느 해에는 조생종이다가 어느해에는 중생종 어느해에는 만생종으로 수확해야 한다고 알려져서 미국 동부권에서는 추천하지 않는 품종입니다. 서부 워싱턴이나 오래곤 쪽에서 인기가 있는 품종으로 알려져 있습니다. 단단하면서 시원한 단맛이 일품인 품종으로 알려져 있으나 국내에서 유통되는 품종은 진짜 블랙펄인지 아직 모르겠다는 분들이 많습니다.

어느 분 거는 단단하고 시원한 맛이다 하고 어느 농가 거는 무르고 단맛만 강하다는 둥 여러 의견들이 많고 묘목 유통업자들끼리도 내거가 진품이고 저쪽 거는 아니다는 분들이 계셔서 저도 어느 분 거가 진품인지는 모르겠습니다만 세종 전위면에서 체리를 재배하시는 농가분 거는 진짜같습니다. 그래도 몇 해는 더 지켜봐야 하지 않을까요? (현재 미국에서는 제우스를 심는 게 이득이냐 블랙펄을 심는 게 이득이냐 할 정도로 많은 토론들이 오갑니다.

제우스가 좀 더 일찍 수확하는 품종이라 많은 분들이 제우스를 선택하는 경향이 강하다고 알고 있습니다.)

· **써미트(사밀두)**: 이 품종은 미국에서 중국으로 건너간 다음에 가지변이를 워낙 자주 일으킨 품종으로 정작 국내에서는 진품 써미트는 너무 물러서 베어버리고 중국 사밀두를 재배하시는 분들이 몇분 계십니다.

- **크기**: 11~14g
- **개화시기**: 일찍 개화(타이톤하고 같이 개화)
- **수확시기**: 개화 후 60일 전후(조중생종)
- **당도**: 16bix
- **열과**: 열과에는 강하나 너무 부드러워서 노지는 추천하지 않습니다.
- **수분수**: 중국에서는 타이톤(미조)하고 두품종만 심음.
- **특징**: 풍산성 품종으로 어마 어마하게 꽃이 많이 피는 특성이 있습니다. 중국에서는 매년 해거리를 반복적으로 하는 품종으로 알려져 있습니다.
  노란색이다가 빨간색으로 익는 특성이 있으며 과가 무르고 부드러워서 저장성이 약합니다. 비를 맞으면 회성병(잿빛 무늬병)에 약한 품종군으로 라핀과 같이 곰팡이병에 특히 약합니다.

· **버건디펄(burgundy pearl)**: 게으름뱅이농장에 모수가 있을 때 설마 버건디펄 일려구 하구 다른 품종들하고 비교하다가(당시에는 미국자료 중 사진만 보고 판다하는 오류를 범했음) 쉘라(Selah) 인 거 같다고 판단하고 저음에는 쉘라로 접수들을 풀었습니다. 하지만 모수에서 접수를 채취 후 다시 식재해서 5년이 지나니 그때서야 아 이게 버건디였구나 했습니다.
하지만 이미 국내에서는 버건디펄이라는 품종이 유통이 되고 있어서 제가 바꿀 수는 없어서 그냥 애보니펄로 알려진 품종입니다.

위 사진은 쉘라(Selah)의 모습입니다.

이 품종도 제가 추천하는 품종입니다.

- **크기**: 12~13g(애보니펄보다 1~2g이 작습니다)
- **개화시기**: 일찍 개화(쳴란 라핀 애보니펄과 같이 개화함)
- **수확시기**: 개화 후 60일 전후(중생종)
- **당도**: 20bix 이상
- **열과**: 열과에도 강한 편이나 미리 parka를 2회해 주시면 좋습니다.
- **수분수**: 쳴란 애보니펄 겔프로와 잘 된다고 알려져 있음.
- **특징**: 이품종은 전형적인 펜덴트형 품종으로 3~4년 동안 성장력이 대단히 우수 합니다. 식재 3년 후에는 결과지가 엄청나오는 품종으로 2년째 8월초에 닭발정리를 잘하여 눈털림을 예방하시면 3년째 결과지가 엄청 잘 나옵니다.

맛이 좋고 열매가 크지만 먹어 보면 애보니펄에 비해 훨씬 단단하고 쫄깃한 식감이 있습니다.

애보니펄과 마찬가지로 결과지에 열매를 맺는 특성이 있으므로 절대 순집기를 하시면 안 되는 품종입니다.

애버니펄(국내 기존 유통되는 버건디펄의 품종)에 비해 낙과율이 현저하게 적습니다.

· **애보니펄(ebony pearl)**: 이 품종은 게으름뱅이농장에서 다섯품종을 받아간 공주 재배
농가에서 발견된 품종으로 열매가 엄청 크고 익으면서 펄색이 진하게 올라와서 버건
디펄이라고 칭하여 유통된 품종입니다.
- **크기**: 13~15g
- **개화시기**: 일찍 개화(첼란 버건펄 겔프로와 동시에 개화함)
- **수확시기**: 개화 후 60~65일(중생종)
- **당도**: 20bix 이상
- **열과**: 열과에도 강한 편이나 강한 비가 올 걸 대비해서 parka를 2회해 주면 좋습니다.
- **수분수**: 첼란 버건디펄 등으로 알려져 있음
- **특징**: 이 품종도 펜던트형의 체리로 결과지에 열매를 다는 특성이 있습니다.
버건디펄보다 열매는 1~2g 더 크고 맛이 좋고 인기 있는 품종입니다.
저는 이 품종도 추천합니다.

· **겔벤(gel van)**: 이 품종은 게으름뱅이 농장에서 1번 체리로 접수를 나눠줬던 품종으로
원명이 벤(van) 인 거 같다고 찾아낸 품종으로 한때는 겔프리로 접수를 풀었었으나 알
고 보니 벤인 거 같아서 겔벤이라는 이름을 붙인 품종입니다.
- **크기**: 9~10g
- **개화시기**: 일찍 개화(첼란 버건디 애보이와 동시개화)
- **수확시기**: 개화 후 60~65일(중생종)
- **수분수**: 첼란 블랙타타리안 버건디펄 등으로 알려져 있음)
- **당도**: 23bix 이상
- **열과**: 열과에도 강한 편입니다.
- **특징**: 이 품종은 캐나다에서 개발된 품종으로 추위에 가장 강한 품종으로 알려져 있으
며 열매는 작은 편이나 어마무시하게 많이 열리는 품종으로 체험존에는 정말 좋은 품
종입니다.

강원도 삼척의 농가에서는 이 품종은 남에게 팔지 않고 자기식구들만 먹는 품종이라고 소개를 하더군요. 열매는 작으나 맛이 기막히게 좋으며 산미가 적당하고 단단하며 열과에 강합니다.

콜트대목에서 잘 열리지 않으니 크림슨 대목을 사용해야 하면 너무 많이 열려서 가지가 펜덴트형 처럼 처지면서 열매만 보이는 품종입니다.

어느 나라에서든 가장 먼저 체리를 도입해서 식재하시게 될 때 첫 번째로 선발되는 품종입니다.

나중에는 큰품종을 선호하게 되면서 갱신을 한다고 들었습니다.

가장 맛있는 품종군에는 늘 들어가는 품종입니다.

체험 농가라면 무조건 식재해야 하는 품종입니다.

이 품종은 수분수로도 좋습니다.

· **겔노트(gel note)**: 이 품종은 처음에 게으름뱅이 농장으로 들어올 때는 산드라 로즈(Sandra rose)라는 이름으로 들어왔습니다.

지금도 보면 어떨 때는 산드라 로즈를 닮았고 어떨 때는 샘(sam)이라는 품종을 닮아서 아예 이름을 겔노트로 붙여서 유통한 겁니다.

- **크기**: 11~14g
- **개화시기**: 늦게 개화(레기나 지랏등과같이 개화)
- **수확시기**: 개화 후 60~65일(중생종)
- **수분수**: 자가 수정
- **당도**: 20bix
- **열과**: 열과에는 좀 약한 편이므로 필히 parka를 두 번 이상 살포해야 합니다.
- **특징**: 이 품종은 익을 때 보면 산드라 로즈가 맞는 거 같습니다.

빨간색일 때 수확하는 게 좋습니다. 흑자색으로 변하면 엄청 커지기는 하지만 약간 물러집니다. 맛은 좋고 엄청난 풍산성이지만 너무 많이 열리므로 저는 아래쪽 배면의 화속은 전부 제거를 해버립니다. 반개장성으로 자라며 병충해에 엄청 강하고 조기낙엽지는 경우가 거의 없습니다.

붉은색으로 변하여 비를 맞으면 열과에 취약하다는 단점이 있으므로 두 번 이상은 무조건 파카(parka)를 해서 열과에 대비하셔야 합니다.

이 품종은 절대 비대제나 비대를 위한 약제를 하시면 안됩니다

열과가 더 잘됩니다

· **라핀과 스키나**: 라핀은 국내에서 대표적인 자가수정 품종으로 알려져 있으면 스키나는 라핀의 단점을 보안해서 만들어 나온 품종입니다.

개화시기가 일찍 개화되는 품종으로 모든 품종에 수분수로 적합하다고 우리나라에서는 광고합니다만 외국에서는 극히 일부 품종만 라핀이나 스키나를 수분수로 쓰고 있습니다.

화성병(잿빛 무늬병에 엄청 약하고 초파리에 약합니다)

너무 많이 열려서 열매가 작아지는 현상이 강하고 미니 체리 바이러스에 취약해서 저는 권하지 않습니다.

단순히 수분수로 쓰신다면 몇 주는 심으셔도 좋습니다. 그리고 개인 주택에 식재하는 건 상관없지만 체리 재배를 목적으로 하신다면 권해드리기가 힘드네요.

· **레기나(Regina)**: 이품종은 독일에서 개발된 체리로 전 세계에서 만생종의 대표적인 품종입니다.

- **크기**: 10·12g
- **개화시기**: 늦게 개화(겔노트 지랏 블랙골드와 동시개화)
- **수확시기**: 개화 후 65일 이후
- **수분수**: 겔노트 등
- **당도**: 18bix 이상

- **특징**: 저는 대목이 콜트에 접한 나무만 있어서 그걸 기준으로 설명드리겠습니다. 특별한 병이 없고 잘 죽지 않습니다. 매년 꾸준하게 잘 열립니다.

하지만 콜트대목에서 너무 잘 자라서 매년 전정하는 양이 너무 많습니다.

너무 늦게 익어서 장마철에 수확기가 겹칩니다.

그렇다 보니 초파리 공격이 심합니다.

저는 절대 권하지 않습니다.

· **지랏(Ziraat 900)** 이 품종은 터키에서 수출하는 수출명입니다. 튀르키예(구 터키)에 가시면 지랏이라는 품종은 없습니다. 독일에서 튀르키예로 들어간 나폴레옹이라는 품종을 수출할 때 지랏이라는 품종으로 수출을 합니다.

일반 소비자들은 지랏이라고 부르고 체리재배를 하시는 농가들은 터키 나폴레옹이라고 부릅니다.

- **크기**: 11~13g
- **개화시기**: 늦게 개화(레기나와 겔노트등과 같이 개화)
- **수확시기**: 개화 후 65일 이후
- **수분수**: 겔노트
- **당도**: 23bix
- **특징**: 이 품종은 새로운 품종이 아니고 나폴레옹(napoleon)이라는 품종으로 튀르키예에서는 napolyon이라고 부르고 있으며 원래의 나폴레옹은 노란색을 가진 붉은 체리로 알려져 있으나 현재 트키키예에서 수출되는 지랏은 색깔이 흑자색에 가까운 체리가 나온다고 합니다.

하지만 중부 지방에서는 장마와 겹치기 때문에 중부 지방에서는 권하질 않습니다. 원래 나폴레옹 체리 맛은 좋다고 알려져 있으며 2000년 초반 까지만 해도 중국의 연태 지역에서 나폴레옹 체리로 체리 축제를 했었습니다.

지금 중국은 미조라는 품종이 워낙 일반화되서 미조가 더 비싸게 팔리면서 중국의 체리재배 지역이 성도와 대련으로 넘어왔으며 품질은 대련지역보다 5월 초부터 수확하는 성도 지역이 더 좋은 걸로 알려져 있습니다.

원래의 나폴레옹 체리 모습(사진보다는 더 붉은색으로 익음)

수분수로 좋은 품종들

● ● ● ●

· **첼란**: 조생종으로 10~11g대의 체리로 열매가 단단하고 보관이나 나무에 달려서도 오 랫동안 맛을 유지하는 품종입니다. 당도는 15bix내외로 알려졌으나 저장고에 후숙하 거나 나무에서 완숙되면 18bix 이상 나오는 걸 알려져서 미국에서 빙보다 먼저 수확하 지만 후숙을 거쳐 빙보다 늦게 수출되는 품종입니다.

· **블랙타타리안**: 나폴레옹과 같이 100년이 넘은 품종으로 크기는 10~11g 정도로 작은 편에 속하고 첼란에 비해서 더 무른 편에 속하지만 식재 후 일찍부터 잘 열리고 워낙 많이 열리므로 외국에서는 집안 정원에 심을 때는 무조건 이 품종을 주로 합니다. 주의 할 점은 절대 왜성대목을 쓰면 안 된다는 겁니다.
어린나무일 때부터 너무 많이 열려서 나무가 잘 자라지 않기 때문이라고 알려져 있습 니다. 가정 가공용 체리로 유명합니다.
그 외에도 겔벤 라핀 스키나는 수분수로 쓸 만합니다.

체리 재배에서 품종 선택은 체리 재배의 90%를 좌우한다고 보시면 될 정도로 중요합니 다. 더 자세하게 품종의 특성을 이야기 하고 싶었지만 현재 국내에 있는 체리 품종의 한계 라는 게 있어서 저 나름대로 판단되는 기준으로 적은 겁니다.
전 세계에 체리 품종은 6000여 종류가 됩니다.
국내에 들여와서 국내에서 유통되는 체리 품종도 200여 가지가 넘습니다.
그러다 보니 품종 선택에 고민을 하신 분들이 어떤 걸 심어야 하느냐보다는 묘목 장사하시는 분들의 추천을 받고 무조건 식재하고 나도 체리심었다고 하시는 분들 많이 봤습니다.

또 어느 분들은 품종이 뭔지도 모르고 체리 심는다고 그냥 아무거나 가져와 심는 경우를 많이 봤습니다.

일본은 지금도 좌등금 위주로 농장을 만듭니다.

요즘에는 홍수봉이나 주노하트로 많이 심는 농가도 있다고는 하더군요.

일본품종도 80여 가지 품종이 있습니다.

그래도 주를 이루는 건 좌등금 홍수봉 주노하트 이 세 가지밖에 없습니다.

중국은 50여 품종이 개발되고 300여 품종이 들어와 있습니다

그래도 주를 이루는 품종은 미조와 사밀두입니다. 물론 지역에 따라 러시아 8호를 늘리는 지역도 있습니다.

우리나라도 이제는 아무 체리 품종을 심는 게 아니고 돈 되는 품종을 심어야 합니다.

저는 18년 넘게 체리를 재배해 오면서 2만 농가 이상을 방문해 봤습니다.

잘하는 농가뿐만 아니고 실패한 농가 방치한 농가 닥치는 대로 가 보았습니다.

실패한 농가들 대부분이 체리라고 해서 그냥 심은 농가들입니다.

매우 안타깝고 죄송한 마음뿐입니다.

이제부터라도 돈 되는 품종을 널리 알리고 재배를 독려했으면 하는 마음으로 여러 품종들의 특성을 올려놓았으니 참고해 주셨으면 합니다.

작가의 의견(품종편)

제가 권해드리고 싶은 품종은 **겔 프로 버건디펄 애보니펄**입니다

체험 농가라면 **겔노트와 겔벤 블랙타타리안** 정도를 권해드립니다

어디까지나 제가 경험하고 보아 온 것 중에서 국내 농가들이 심어도 저를 욕하지는 않겠구나 하는 품종들입니다.

그동안 체리 재배하면서 수많은 사람들이 품평회나 전시회를 하면서 체리를 먹어 보고 이 품종이 가장 맛이 좋구나 이걸 심어야지 되겠구나 하고 심은 품종이 첫 번째 레이니어입니다.

맛이 기가 막힙니다.

어느 품종도 못 따라갑니다.

크기도 큽니다.

전국적으로 엄청 심었습니다.

지금도 식재하시는 분들도 있다고 알고 있습니다.

품종은 좋은 품종입니다

국내에서는 미국 현지에서 생산하는 것보다 좀 많이 무릅니다. 그래도 좌등금에 비하면 엄청 단단한 편입니다.

저는 2019년도부터 옐로우 계열의 체리는 전부 베어내고 갱신 중에 있습니다

한데 지금도 옐로우 계열이 최고의 맛이라고 식재하신 분들이 있습니다.

현지에서 먹으면 맛이 기가 막힙니다.

소비자가 요구하는 것
을 생산하라

판매는 어렵습니다.

소비자의 눈맛과 입맛을 찾으십시오.

옐로우 계열을 심었다가 실패 하신 분들이 너무 많습니다.

경매장에서도 흑자색 품종과 두 배 차이가 납니다.

맛있는지 알고 있습니다. 하지만 돈이 안 됩니다.

소비자가 외면합니다.

돈 되는 품종을 찾는 데 15년 걸렸습니다.

그동안 저 집은 맨날 갱신하느라고 바쁘다는 말을 수도 없이 들었습니다.

저는 늘 이런 말을 합니다.

지금 체리심는 분들은 저보다도 먼저 성공의 길로 가실 분들이 많다고요.

품종도 좋은걸 찾았지. 재배력도 이제 정립이 되어가지 이제 체리는 정말 쉬워졌습니다.

이 책을 독파하시면 아실 겁니다.

정말 놀면서 재배하는 게 체리라는 거를요.

미래의 품종에 관한 이야기는 하지 않겠습니다.

미국은 제우스 유럽은 아파치로 교체를 많이 합니다.

하지만 우린 없으니 있는 품종에서 최선을 다해야 합니다.

휴면요구도
(Chill Hours 또는 Chilling hours)

체리나무는 가을에 식물의 주기를 끝내고 겨울 내내 식물 휴면기에 들어갑니다.

이 기간에는 품종의 유전자형에 따라, 나무가 겨울 휴면 상태를 깨는 데 필요한 저온 시간인 최소 저온 시간을 축적해야 합니다.

이런 작물의 특성을 겨울잠이 필요한 시간 즉 휴면 요구도라고 합니다.

기후에 있어서 온도는 우리 작물이 자리잡는 데 있어 기본이 되는 가치입니다.

이는 일년 내내 식물의 다양한 생물학적 과정에 영향을 미칩니다.

낮은 온도는 생식 기관의 죽음을 초래할 수 있으며, 특히 겨울이 끝날 때나 초봄에 나무의 생식 부분의 저온에 대한 민감도는 열매가 맺히는 마지막 단계까지 증가합니다.

봄철 서리가 내릴 위험이 있는 지역에서는 꽃이 늦게 피는 품종을 사용하는 것이 좋습니다.

높은 생산성을 달성할 수 있는 올바른 조건을 갖추기 위해서는 식재 장소의 환경적 요인을 아는 것이 매우 중요합니다.

동화 기능의 영양소의 함량. 토양의 영양분 함량이 결정되며, 그 결과에 따라 우리 농장의 시비 계획을 결정 하시면 좋습니다.

UTA 방법 등으로 계산하는 방법이 있지만 11월 1일부터 2월 말까지 영상 7도 이하로 내려가는 시간을 계산하는 거니 참고하시라고 몇 품종 올려드립니다.

Chill Rating	Chill Portions(Dynamic model)	Chill Units(Utah model)	Chill Hours(휴면시간)
Low	20-40	600-800	300-500
low-Moderate	40-50	800-1000	500-750
Moderate-high	50-60	1000-1200	750-1000
High	60-80	1200-1400	1000-1500
Very high	>80	>1400	>1500

table 1 Chill groupings from three commonly used models used in Table

Cultivar	Chill Portions(CP)	Chill Rating	Productivity Index*
Bing		High	4
Black Star	60	Moderate-high	3
Brooks	37	Low-moderate	3
Celeste		Low-moderate	1
Chelan		High/very high	2
Christobalina	30	Low-moderate	
Early Burlat	48, 58	Low-moderate/Moderate-High	5
Garnet		Very high	
Grace Star		Moderate-high	3
Index		High	3
Kordia(Attika)	67	High	2
Lapins	45-52, 66, 62	Low-moderate to Moderate-high	7
Marvin	58	Moderate-high	
Merchant		Moderate- high/High	4
Minnie Royal		Low	
Newstar	54, 78	Low-moderate/Moderate-high	
Nordwunder		High	3
Rainier	45	Low-moderate	5
Regina		High	3-4
Rons		Moderate-high	5
Royal Hazel		Low	6
Royal Helen		Low	6

Royal Dawn		Low	6
Royal Lee		Low	
Ruby	48	Low-moderate	
Sam	70	Moderate-high	
Samba(Sumste)		Moderate-high	2
Simone		Moderate-high	6
Skeena		Moderate-high	4
Somerset	48, 74	Low-moderate	6
Sonata		Moderate-high	
Stella		Moderate-high	5-6
Summit		High	3
Sunburst		Moderate-high	4
Sweet Georgia		Moderate-high	5
Sweetheart	54, 74	Moderate-high	6-7
Sylvia		Very high	3
Tulare		Low	
Ulster		High	5
Van		Moderate-high	7

표 인용 www.factree.com.au

버건디펄과 애보니펄의 휴면 요구 시간은 얼마일까요?

미국 자료에도 이렇게 나와 있습니다.

아직 결정되지 않았습니다. (Not yet determined)

미국도 남부지방부터 북부지방까지 고루 심고 있습니다.

그리고 기존의 지대(지구 온난화로 기존 재배 지역이 잘 안 열리는 지역)에서 체리를 계속 재배를 하느냐? 전 세계적으로 휴면에 관한 문제는 어떻게 하면 휴면을 타파해서 열매를 맺게 하느냐?

이 문제를 더 심각하게 받아들이고 있으며 휴면 시간이 짧은 지역에서 체리를 재배하는 방법들이 여러 가지 나오고 있습니다.

휴먼타파의 대표적인 제품으로는 dormax라는 제품과 can-17이라는 제품이 가장 유명하고 전 세계 체리재배 지역에서는 가장 흔하게 사용합니다.

dormax는 개화 45일전에 목대에 뿌리는 제품이고 can-17도 개화 30일 전에 목대에 뿌리는 제품입니다. 하지만 두 제품 모두 국내에서는 구입하기 힘든 제품입니다.

dormax 제품이 석회질소다 보니 만들어서 사용하시겠다는 분들이 있는데 위험해서 저는 권하지 않습니다. 원래 dormax나 석회질소는 포도 휴먼 타파제로 사용했던 제품입니다.

요즘 국내에서는 샤인 머스캣 휴먼타파제로 일본에서 만든 대유 메리트청을 주로 사용하더군요.

대유에서 수입 판매하는 메리트 청
(네이버 하늘마루 블로그 인용)

포도는 2월 말이나 3월 초에 잎눈에 붓으로 발라주는 형태로 처리하지만 체리에는 500배로 희석해서 개화 전 20일 전에 한 번 10일 전에 한 번 이렇게 두 번 뿌리면 좋다고는 하는데 저는 중부지방이다 보니 아직은 사용을 안 해 봤습니다.

국내에서는 체리 재배지역 중 서귀포 해안가 아니면 아직은 사용할 단계는 아니라고 생각합니다.

하지만 기상 이변과 온난화가 지속되면 남부지역은 사용해야 될지도 모르니 올려드립니다.

여기 소개시켜 드린 제품 중 가장 안전한 거는 can-17입니다.

장마철 전에 팁번 현상을 예방할 목적으로도 사용하니 참고하십시오.

(팁번 현상 부분에서 자세하게 설명드리겠습니다.)

엉뚱한 이야기

● ● ●

저는 대한민국에서 농사를 짓고 있습니다.

그러면 대한민국에 없는 비료를 찾는 것보다 있는 것을 최대한 활용해서 농사짓는 걸 권해드립니다.

휴먼 타파제는 공식적으로 위에서 설명드린 게 맞습니다.

유럽 쪽의 체리재배 농가들도 domax를 많이 사용합니다.

그리고 그분들은 개화 전에 필히 사용하는 게 있습니다.

바로 설탕 비료입니다.

저는 처음에는 설탕 비료가 황산암모늄(유안)인 줄 알았습니다.

그래서 황산암모늄 처리에 대해 외국의 자료를 엄청 찾아봤지만 그들은 설탕 비료라고만 표기되어 있었습니다.

나중에 알아 보니 진짜 설탕 비료였습니다.

우리가 이야기하는 설탕이었습니다.

물론 유럽 쪽이야 석회암 지역이 많다 보니 황산암모늄 시비를 많이 합니다.

저는 질산칼슘을 쓰지만 유럽 쪽에서는 우리가 말하는 유안을 씁니다.

우리와 토양이 다르니 당연합니다.

하지만 의외로 설탕을 쓰는 곳들이 많다는 걸 알았습니다.

이쪽저쪽 논문을 찾아 보니 설탕의 메카니즘에 개화촉진이 있더군요.

황당했습니다.

당의 이동이나 인산화 효소는 배워서 알았지만 설탕이 개화에 미치는 메카니즘은 생각지도 않았으니까요.

　물론 저장양분의 설탕이 관여한다는 거는 당연히 알고 있었지만 외부에서 주는 설탕이 (바닥시비 또는 엽면시비)개화에 영향을 미친다는 생각 자체를 안 해서 찾아보지 않고 공부를 안 했던 게 실수였습니다.

　찾아보니 정말 많이 있었습니다.

　외부에서 주는 설탕이 개화촉진에 관여한다는 내용의 논문이 수십 편이 있었습니다.

　　설탕이 개화 유도에 관여한다는 가설은 유전학적 연구로도 증명하였다. 탄수화물 생합성에 중요한 역할을 하는 AGPase 유전자 발현을 낮춘 감자 변이체의 덩이줄기에서 탄수화물 축적은 일어나지 않지만 설탕 함량은 크게 증가하는 것이 관찰되었는데, 이 변이체는 2~4주 일찍 꽃이 폈다 (Müller-Röber et al. 1992).

　　설탕을 외부에서 식물에 가해 주면 개화가 촉진되는 것이 배추(Brassicaca-mpestris)에서 보고되었다. (Friend et al. 1984). 빛이 부족한 상태에서 키운 식물의 경우 설탕의 개화촉진 효과가 더욱 강했다. 장일과 단일조건 모두에서 개화촉진이 일어났는데 개화가 억제되는 조건인 단일 환경에서 설탕의 효과가 더 강했다. 질소는 개화를 억제하는데 설탕을 질소와 함께 넣으면 설탕 단독인 경우보다도 개화촉진 효과가 높았다.

출처: Study on sucrose signalling mechanismsin higher plants* Gynheung An

　이외에도 많은 논문이 존재하니 참고하실 분들은 찾아보십시오.

　체리에 정확하게 설탕이 얼마나 필요하고 언제 주어야 하는지는 나와 있지 않습니다.

　저는 목면시비 때 2회 시비하는 걸로 결론을 내고 사용합니다.

　하지만 여러분들이 사용하라고 권하기는 아직은 저의 데이터 자체가 부족하므로 본인들의 판단하에 사용하시길 권해드립니다.

체리대목

대목이란:

대목
[한글] 접목 시 접수를 붙이는 쪽의 나무를 말함. 대목의 종류에 따라 나무의 크기 또는 수형을 조절할 수 있는데, 대목이 지상부를 왕성하게 하는 대목을 강세대목이라 하고 반대로 억제하는 대목을 왜성대목이라 함. [영어] understock, stock, rootstock [한자] 臺木 [일본어] だいき

농업용어사전

대목은 왜 사용하는가?

● ● ●

그냥 심으면 안 되나요?

가능합니다. 하지만 대목을 사용하는 이유를 아시면 왜 대목을 사용해야 되는지 이해가 되실 겁니다.

대목은 아래의 특성을 가지고 있어야 대목으로 인정받고 대목으로 사용하게 됩니다.

토양 내성- 습한 토양에 대한 내성, 가뭄에 대한 내성이 있어야 한다.

나무의 활력(크기) - 미니 왜성, 왜성 또는 반 왜성의 성질이 있어야 한다.

친화성 - 나무가 품종과 대목 간에 거부감이 없어야 한다.

조숙성 - 나무가 빨리 열매를 맺을 수 있어야 한다.

일부 대목의 경우 질병 및 해충 저항성- 질병이나 병해충에 저항성이 있어야 한다.

이런 성질을 가지고 있어야 대목으로 인정받을 수 있답니다.

체리대목의 종류

일반대목: 푸른잎 벗나무

산벚나무의 일종으로 발육이 왕성하고 꺾꽂이 번식이 쉬우며, 접목 활착률도 높으나 직근 발생이 적고 천근성이기 때문에 내건성이 약합니다. 또한 접수와 접목 부위가 약하여 강풍에 쓰러지기 쉽습니다. 현재는 거의 사용되고 있지 않습니다.

마자드(Mazzard)

감과 체리의 원생종으로 유럽 중남부에서 소아시아에 걸쳐 건조한 토양에 자생합니다. 잎은 크며 감과 체리와 비슷하나 잎 뒷면과 엽맥 위에 털이 밀생해 있습니다. 감과 체리나 산과 체리 모두 친화성이 좋으나 삽목번식이 어려 위 종자에 의한 실생 번식을 주로 하는데 주로 습에 강한 특성을 가지고 있으나 품종에 따라서 너무 잘 자라서 지금은 거의 사용하지 않은 대목입니다.

마하렙(Mahaleb)

남부 유럽에 자생하며 잎은 작고 끝이 아주 뾰족합니다. 자가결실성이고, 종자를 파종하면 발아가 비교적 잘 되는 편입니다. 뿌리는 직근은 많으나 잔뿌리가 적습니다. 풍토에 대한 적응성이 넓어 온난한 지방에서도 생육이 양호하며 내한성도 마자드보다 강하고 내

건, 내습성도 강하며 뿌리 썩음이나 날개무늬병(문우병)에 대한 저항성이 강합니다. 마하
렙 대목은 목질부가 단단하여 접목 작업하기가 어렵고, 상처 유합이 늦어져 접목 친화성
은 푸른잎 벗나무나 마자드 대목보다 약간 떨어집니다. 습이 많은 지역에서는 대목 부위
의 굵기가 품종의 굵기보다 가늘어지는 대부 현상이 심하며 국내에 들어온 마하렙 대목은
하동지역과 공주지역에서 유통을 시켰으나 장마철 이후에 나무가 죽는 현상이 심하고 나
무가 너무 잘 자라는 영양생장이 심하여 현재는 잘 사용하지 않고 있으나 중국의 대련 지
역에서는 왜성 대목으로 널리 알려져 가장 많이 사용하고 있습니다.

미국이나 유럽에서 요즘 많이 사용하는 max-14(maxma)라는 대목은 이 마하렙에서 6배
체로 만든 대목으로 왜성 대목입니다.

콜트(Colt)

1958년 영국 이스트몰링연구소에서 육성된 내습성 대목으로 유럽계 일반 대목에 비하
여 약간의 왜화 효과가 있는 것으로 보고되어 있으나 푸른잎벗나무에 비해 왜성 효과가
인정되지 않으며, 학술적으로도 왜성이 아닌 준 표준형으로 분류하고 있습니다. 발육이
잘 되어 꺾꽂이나 묻어떼기에 의해 증식됩니다.

일반 대목에 비해 꽃눈이 빨리 맺히고 착과량도 많아 조기 결실성과 풍산성을 나타냅니
다. 뿌리 분포는 넓고 잔뿌리도 많아 뿌리의 생장도 좋으며 감과 체리나 산과 체리 모두에
대해 접목 친화성이 높고 접목 부위의 유합이 잘 됩니다.

국내에서는 초창기에 가장 많이 썼던 대목으로 현재도 몇몇 농가에서는 사용되고 있는
대목입니다. 그러나 품종에 따라서 뿌리혹병이 심하게 나타나는 품종이 있어서 현재 국내
에서는 체리 대목 시장의 20%정도만 차지하고 있습니다.

크림스크(크림슨)(Krymsk)

국내에서 가장 많이 사용되고 있는 대목입니다

러시아 크림슨 지역에서 만들어진 크림슨 대목은 1~12번까지 있으며 체리에는 5번 6번 7번이 사용된다고 알려져 있습니다.

유럽 쪽에서 소개하는 크림슨 대목을 한 번 보시면

· KRYMSK® 5 - VSL-2*

원산지: *Prunus fruticosaxPrunus lannesiana*

달콤하고 신맛 나는 체리 품종에 적합한 대목입니다. Gisela® 6와 비슷하거나 약간 더 강한 활력을 유도하며 높고 빠른 생산성을 보입니다. Gisela® 6에 비해 더 나은 고정력과 무겁고 습한 토양에 대한 더 큰 적응력을 가지고 있습니다. 이러한 토양에서 적당한 흡즙 활동을 보입니다. Krimsk® 5는 겨울에 추운 기후를 잘 견뎌내고 봄-여름철에 제한된 물 공급이 있는 고온과습 조건을 견뎌냅니다.

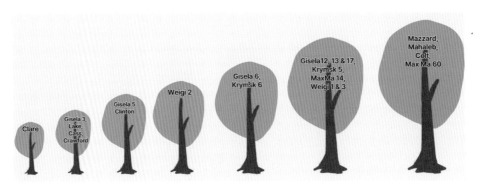

체리 대목별 나무 크기를 그림으로 나타낸 모습

· KRYMSK® 6 - LC-52*

원산지: *Prunus cerasusx(Prunus cerasusxPrunus maackii)*

단맛과 신맛 체리에 모두 적합한 대목. Gisela® 5와 비슷한 활력을 유도하며 Krymsk® 5보다 약 10-20% 낮음. Gisela® 5와 매우 일찍 과일이 맺히고 생산성이 비슷합니다. 후자에 비해 무겁고 습한 토양에 더 잘 적응합니다. 추운 겨울과 더운 여름 기후를 잘 견딥니다. 석회에 대한 저항성이 중간 정도입니다.

· KRYMSK®7 - L2*

원산지: *Prunus lannesiana*

달콤한 체리 품종과 호환되는 대목. 프랑(Prunus avium)보다 활력이 낮고, magaleppo(Prunus mahaleb)와 유사합니다. 열매 맺기의 조기성과 생산성은 프랑과 콜트보다 우수하고, Prunus mahaleb에서 얻은 것과 비슷합니다. 이 대목은 또한 겨울의 추위, 더운 여름, 무거운 토양과 물 스트레스를 잘 견딥니다.

하지만 국내에서는 크림슨 5번 대목만 현재 유통되고 6번과 7번은 거의 사용하지 않는 대목이라고 보시면 됩니다.

그리고 사진과 내용이 좀 다른 이유는 사진 원본은 미국자료를 인용한 거고 글의 원본은 유럽 자료를 인용하다 보니 약간 의아한 부분들이 있을 겁니다.

그 이유는 지역에 따라서 대목의 크기가 다르고 어떤 품종으로 연구를 했느냐에 따라 대목의 자람새가 다르다고 이해를 하시면 좋겠습니다.

국내에서 유통되는 모든 품종은 크림슨에 잘 붙습니다.

브룩스 품종과 벤톤 품종이 호환성이 없으므로 이 두 가지 품종을 꼭 심고 싶으시면 콜트나 기세라 대목에 접하여 재배하셔야 할 겁니다.

기세라(Gisela)

세계에서 왜성대목으로 가장 흔하게 사용되는 대목으로 독일의 기센 지역 대학교에서 만들어진 대목입니다.

기세라도 지역별로 품종별로 크기가 다르다고 나옵니다.

· Gisela®3USPP 16,173

동쪽에서는 Mazzard 크기의 35~40%, 서쪽에서는 다소 큰 나무를 생산하는 최신 Gisela® 대목입니다. 고밀도 식재와 높은 터널에 적합한 대목입니다. GI®3는 가지 각도가 평평하고 흡반이 없습니다. 매우 생산적이고 조숙합니다. 지지대가 권장됩니다.

· Gisela®5USPP 9622

유럽에서 가장 널리 심는 왜성 체리 대목이며 고밀도 및 유픽(수확체험)에 적합합니다. GI®5는 동쪽에서는 Mazzard 크기의 45~50%, 서쪽에서는 Mazzard 크기의 65% 크기의 나무를 생산합니다. 흡지(뿌리부분에서 대목이 자라는 나무)가 거의 없고 바이러스 내성이 매우 좋습니다. GI®5는 모든 토양에 적응할 수 있으며 무거운 토양에서 잘 자랍니다. 지지대가 권장됩니다.

· Gisela®6USPP 8954

동부 지역은 Mazzard 크기의 65%, 서부 Mazzard 크기의 90~95%인 나무를 생산하는 무거운 짐을 싣는 일꾼입니다. 우수한 박테리아 궤양 저항성과 매우 우수한 바이러스 내성. GI®6는 무거운 작물 부하에 대한 지지대가 필요하며 모든 토양 유형에 적응할 수 있습니다.

· Gisela®12USPP 9631

GI®12는 넓은 토양 적응성을 가진 개방적이고 퍼지는 땅딸막한 나무를 생산합니다. 이 종자는 매우 조숙하고 생산적이며 바이러스 저항성이 좋고 흡지가 없습니다. 매우 잘 고정된 종자, GI®12는 모든 상황에서 지지대가 필요하지 않을 수 있습니다.

국내에서는 경주 쪽에서 먼저 수입했으나 실질적으로 가장 많이 판매한 농장은 옥천의 H농원으로 판매 후에 문제점이 너무 많아서 옥천 H농원은 문을 닫았습니다. 그만큼 까다로운 대목이 기세라 5번 대목입니다.

저도 많이 죽여 봤지만 전국적으로 너무 많은 체리재배 농가들이 어려움을 겪고 있는 대목입니다.

현재는 거의 유통이 되지 않는 왜성대목으로 몇몇 농가에서는 기세라 6번으로 자가 생산해서 식재한 농가들은 있지만 대중적으로 판매는 안 하는 대목입니다.

흔히 직근 뿌리가 있는 대목으로 습에는 약하나 건조에는 강하고 직근 뿌리가 있어서 모래땅이나 마사 토양에는 잘 적응한다고 알려져 있습니다.

그 외 대목은 국내에 아직 판매되지 않고

한때 일본의 슈퍼6 강원도 강릉의 k1대목이 유통되었으나 현재는 거의 유통이 되지 않는 대목으로 알려져 있습니다

작가의 의견(대목편)

●●●

　저는 체리대목은 크림슨 5번을 권장합니다. 기존에 유통되던 크림슨 5번은 대부현상이 심하게 나타나는 문제점이 있었지만 지금은 대부 현상이 없는 크림슨 5번을 선발해서 유통시키기 시작했으니 대부현상으로 인한 오해도 많이 해소될 거라 봅니다.

크림슨대목, 기세라대목, 콜트대목
출처: Art Artifical Intelligence Lab. Co.

체리 식재

체리 식재 전 토양 준비

●●●

기존에 농사를 짓던 토양에는 가을초입에 생석회를 300평당 50~100포정도를 살포하시면 좋습니다.

식재지에 작물이 없는 경우는 생석회를 뿌리고 작물이 있으면 절대 생석회를 뿌리시면 안 됩니다.

석회고토나 패화석으로 뿌리셔야 합니다.

체리 재배의 토양은 ph7정도가 가장 좋다고 알려져 있습니다.

우리 밭에 ph가 8이 나와도 뿌리시는 게 좋습니다.

토양에 석회를 주는 건 ph를 올리기 위함이 아닙니다.

우분을 잔득 밭에 뿌린 토양은 ph가 7정도 나옵니다. 그래서 기술센터에서 안 줘도 된다고 했다고 석회를 안주고 정부에서 3년마다 나오는 석회고토나 패화석도 안 주고 남들에게 줬던 분이 6년이 지나고 나무 베어 내는 경우를 많이 봤습니다. 우분이든 돈분이든 밭에 뿌렸으면 석회로 중화를 시켜줘야 합니다.

그리고 재배하면서도 2~3년에 한 번씩은 위 사진의 패화석이나 석회고토를 꼭 주시는 게 좋습니다.

　이유는 석회를 주면 나무가 덜죽습니다.

　초창기에 재배하시는 분들 많이들 죽였습니다.

　수확기에 들어서면 잘 죽는게 체리나무입니다.

　제가 여러농장을 돌아보면서 보니 석회가 많은 토양에 체리나무들이 안죽는게 보여서 저도 주어보니 역시나 안죽더군요.

　패화석은 5년생의 나무 한그루에 10포 까지도 줘봤습니다. 그랬더니 더 싱싱해지는 게 눈에 보였습니다.

　그래서 주기시작했고 이유를 불문하고 주라고 했더니 지금은 그나마 다행이도 체리나무가 확실하게 예전에 비해서 덜죽고 있다고들 하더군요.

　유럽에 가서 옥빛 호수(석회암 호수)를 보시면 그속에 넘어진 나무는 몇백년이 지나도 썩지 않고 그대로 있는걸 봤습니다.

　처음에는 엄청난 충격이였죠 그랬구나 그랬구나 그래서 뿌리가 덜 썩는구나 했습니다.

　물이 솟아나는 토양은 무조건 유공관을 묻으셔야합니다.

　저는 물이 나지 않은 토양은 유공관을 하실 필요가 없다고 봅니다

유공관의 모습

토양을 60~80cm깊이로 파고 유공관에 부직포를 덮어서 묻고있는 모습

물이 나는 곳은 무조건 이작업을 해야하지만 물이 나지 않은 토양은 유공관 보다 유기물을 주는 게 훨씬 이득입니다. 유기물이 없으면 석회만이래도 주십시오.

묘목 구입처

●●●

체리를 처음 식재하실 분들이 가장 어려운 게 묘목구입을 어디에서 해야 원하는 품종을 믿고 구입할 수 있는지입니다.

어디를 가서 구입하드래도 저는 무조건 현장을 보고 구매하라고 합니다.

재배하면서 수확하는걸 보고 그농장 주인에게 물어보십시오.

그렇지 않고 묘목을 구하다보면 원하는 품종을 구하지 못하고 엉뚱한 품종을 구입하게 될 수도 있습니다.

식재하는 넓이도 마찬가지입니다.

묘목 파시는 분이 4×3m로 식재해야 된다고 하시면 그렇게 심어서 3년 이상 체리를 수확하고 있는 농장 하나만 소개해 달라고 하세요.

그런 농장이 없다거나 모른다고 하시면 그 넓이로 심으시면 위험할 수 있습니다.

체리를 재배하시려면 재배하는 농장에 물어봐야 합니다.

그리고 6월에 방문해서 꼭 확인해야 합니다.

열매도 못따면서 자기가 최고처럼 이야기하시는 분들이 많습니다.

제발 열매 딸때 가서 보고 판단하십시오.

나무만 보고 판단하시면 나무만 키우는 사람이 될 수 있습니다.

이집은 나무가 멋있으니 많이 딸 거야!

이집은 나무가 평범해서 그리 많이는 못 딸거야!

아닙니다.

열매를 매년 따는 집 걸 보고 판단하세요.

나무만 보고 판단하면 정말 나무만 잘 키우는 사람으로 있다가 실패하신 분들을 많이 봤습니다.

옥천 이원묘목단지 구입처

요엘수목원 (043-732-4252 일본품종 전문점)

만금농원 (010-8804-9654 흑자색 전문점)

송림농원 (010-7399-4761 흑자색 전문점)

농장을 운영하면서 묘목도 생산하는 농장

날라리농부 (010-3922-3370 충남 예산)

뚜벅이농장 (010-9704-3370 충남 예산)

체리나무 (010-8955-6815 충북 영동)

주말농부 톰 (010-3871-0123 세종시)

기타 창영에도 영천에도 영덕에도 묘목도 같이 생산하시는 분들이 있으니 6월에 방문해서 정말 열매가 열려있는지 확인하시고 묘목을 구입하십시오.

만약 우리농장은 개방을 안 하니 안 됩니다 하시면 절대 거기에서 묘목을 구입하시면 안됩니다.

일 년 늦다고 늦은 게 아닙니다.

천천히 심는 게 더 빠르다는 걸 명심하십시오.

그리고 주덩 일바정도를 수확하는지를 보십시오.

거기에서 구입하시면 그만큼만 수확할겁니다.

정 안되시면 옥천 이원묘목 단지나 예산 묘목전문 농장 뚜벅이네서 구입하세요.

뚜벅이네는 2025년부터 체리를 보급한다고 하더군요.

식재지 만들기

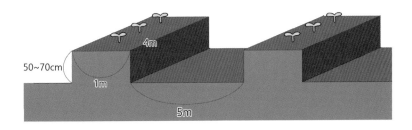

그림1 평지 토양의 경우

그림2 낮게 두둑을 만들 경우

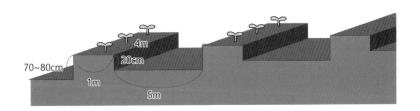

그림3 경사지에 두둑을 만들 경우

체리재배를 하시려면 위 그림 1~3번 중에 하나를 선택하세요.

위 그림은 최소의 넓이입니다.

요즘에도 묘목을 4m×3m로 식재를 권하시는 분이 있다면 그렇게 심어서 3년 이상 수확하는 농가 있으면 한 농가만이라도 소개를 시켜달라고 하시고 그 농장주를 만나 보시고 대목이 이거고 품종이 이거인데 그렇게 심어도 된다고 하시면 그렇게 심으십시오.

저는 아예 묘목 보급자체를 안 해버립니다.

그렇게 심어서 3년 넘게 수확하는 농가가 없습니다.

넓게 심으십시오.

제가 6m×4m를 권장하는 것도 1000평에 하는 최소한의 넓이입니다.

면적이 넓다면 7m×5m도 좋고 8m×5m도 좋습니다. 식재할 면적이 넓으면 넓을수록 더 넓게 심으십시오.

우리나라에서 체리는 너무 잘 자랍니다.

그러다보니 4m×3m 로 식재한 곳에서는 주당 많이따야 10kg 평균적으로는 5kg 미만입니다.

그런데 6m×4m로 식재하시면 주당 최고는 100kg 평균은 50kg을 보시면 됩니다. 8m×5m 또 달라집니다. 최고는 200kg이고 평균은 100kg 정도를 보시면 됩니다.

넓게 심으십시오. 넓어야 편하게 농사짓습니다.

좁은 면적에 묘목 주수가 많은 농가는 일을 엄청 해야 합니다.

왜냐구요?

모든 과수나무는 우거지면 안 열립니다.

특히 체리는 더합니다.

한 번 우거지면 끝나버립니다.

그래서 못 우거지게 계속 잘라내야 합니다.

그렇지 않으면 한 줄을 베어내야 합니다.

하지만 많은 농가에 가서 그렇게 베어내라고 해도 아깝다고 절대 못 베어냅니다. 그러다 체리는 우리나라에서 안돼 이럽니다.

우리나라에서 체리나무는 3차 성장까지합니다.

특히 열매를 6월에 수확하고 나서는 열매도 없으니 미치도록 잘 큽니다. 거기다 7월부터는 비도 자주옵니다

그러니 3차까지 자라면 1년 동안 1.5m 이상 자란 나무 2m 이상 자란 나무도 많습니다.

새로 식재하신다고 4m×3m를 생각하신다면 차리리 다른 작목을 재배하십시오. 체리는 안 됩니다.

기세라 3번이면 되지 않냐고 물으시는 분들이 많습니다.

저는 그 대목이 있으면 해 보세요. 하지만 기세라가 워낙 잘죽는 대목이라 어찌될지는 모른다고 답해드립니다.

아래 자료는 일본의 체리 자료 중 제식거리를 발췌한 것입니다.

토양별 체리의 재식거리(10a당)

구분	비옥지	보통지	척박지
재식당시	5.5m×5.5m(33주) 5.5m× 9m(20주)	4.5m×9m(24주)	4.5m×7m(30주) 3.5m×7m(40주)
간벌후	11m×11m(8주) 11m× 9m(10주)	9m×9m(12주)	9m×9m(12주) 7m×7m(20주)

일본은 대목이 콜트입니다.

우리나라도 지금까지 콜트대목을 사용했었습니다. 지금도 일부에서는 콜트를 사용하고 있으니 참고하셨으면 좋겠습니다.

일본은 처음 식재할 때부터 간벌을 생각하고 식재합니다.

우리나라도 4×3m를 심으셨으면 4~5년째에 간벌을 해야 하는 겁니다.

그럴려구 좁게 심은 겁니다.

제가 이렇게 말했다가 욕 많이 먹었습니다.

첫수확 하면서 간벌한다고??????

저는 당연하죠. 그럴려구 그리 심었지 않습니까 했다가 비꼬는 거냐구 하면서 욕 많이 먹었습니다. 다시 한 번 사과드립니다.

비꼬자고 한 게 아니고 처음부터 좁게 심으라고 권한 사람에게 화가 나서 그런 건데 죄송합니다.

저도 지금 최소 6×4m를 권장하지만 10~15년 넘으면 간벌을 권장합니다.

15년 후에는 6×8m로 가시다가 25년이 넘어가면 12×8m는 가야 할지도 모릅니다.

체리는 수체가 크면 클수록 많이 열립니다.

일본 홋가이도를 가보면 40년생 넓이가 10×10m입니다

주당 평균 400kg가까이 수확합니다.

기세라 3번 대목이 없으면 무조건 넓게 심으세요.

묘목 판매하시는 분들이 당신은 묘목사업 안하니까 그런 말을 할 수 있다고 합니다.

그래서 저도 2022년부터 묘목 판매를 합니다.

그동안 회원 농장에서 식재한 거를 대신 팔아줬지만 올해부터는 직접 심어서 공급을 합니다.

그래도 저는 넓게 심으라고 합니다.

모든 과수는 두둑과 두둑사이에 나무가 꽉 차버리면 절대 열매를 맺지 못합니다 왜 이러냐고 왜 안 열리냐고 왜 낙과되어 버리냐고 많은 분들이 문의해오곤 합니다.

원인은 간단합니다. 간벌하십시오.

간벌 좀 하세요. 안 합니다. 그리곤 체리를 포기합니다.

지는 초기에 5×3m로 식재한 밭에 갱신이 끝나고 2년째 됩니다. 내년에 수확 끝나면 한 줄씩을 간벌할 예정입니다.

갱신한 품종을 키워야 하기 때문입니다.

식재

모든 준비가 되었으면 낙엽이 지고난 후에 묘목을 가져와서 심으십시오.

묘목은 너무 두껍지 않고 얇으면서 80cm이상 자란 묘목을 고르시면 좋습니다. 두꺼운 묘목일수록 첫해 가지가 적게 나옵니다.

가는 묘목일수록 첫해 가지가 잘나오니 참고하세요.

접목부위가 뿌리 윗부분에서 15cm~20cm 이상 된 거를 가져오십시오.

저접(뿌리 윗부분에서 접목 부위까지 10cm 이하) 되어있는 묘목은 식재후 5년 이 지나면 접목된 품종에서 뿌리를 내려서 너무 웃자라거나 고사할수가 있으니 필히 저접된 묘목은 사용하지 마십시오.

오른쪽 사진은 단풍나무를 접붙인 모습입니다.

이런 조경수들은 사진처럼 저접을 붙입니다.

그래야 세력이 좋아서 잘 크고 차후에 품종에서도 뿌리가 발근되더라도 좋으니까요

하지만 유실수는 다릅니다.

사과는 30cm 다른 과수는 25cm를 기준으로 하고 있습니다.

절대 저접이 되어있는 묘목은 사용하지 마십시오.

한때는 저접을 해서 품종에서 뿌리를 내려야 많은 양의 체리가 열리고 세력이 유지 되니까 저접을 붙여서 대목이 보이지 않게 심어야 된다고들 했습니다.

저도 그럼 묘목을 심어봤습니다.

정말 나무만 큽니다.

생식생장으로 전환이 되도 막 자랍니다.

그러다 장마철이 되면 죽어버립니다.

체리는 사소한 곳에서부터 실패의 원인을 가지고 있었습니다.

우리가 그걸 인식하지 못했을 뿐이고 체리재배농가들 90% 이상이 귀농자들이던지 과수를 처음 심어본 농가들이다 보니 작은 부분에서부터 우리나라 체리는 실패할 수밖에 없었습니다.

일단 묘목을 가져오셨으면 접목 비닐이 있으면 비닐을 제거하십시오.

다음은 뿌리를 절단하십시오. 저는 녹색으로 표시한 부분을 잘라냅니다.

많이 잘라야 거기에서 잔뿌리가 많이 나옵니다.

뿌리를 짧게 남겨놔야 잔뿌리가 더 많이 나옵니다. 보통 뿌리자르세요 하면 파란 부위 정도를 자르는데 저는 더 많이 잘라냅니다.

뿌리를 자르지 않고 잔뿌리까지 잘 펴서 심는 분들이 있다고 합니다.

만약 시간이 많이 남아서 잔뿌리까지 펴서 심어야지 하시는 분들은 구덩이를 넓게 파서 절대 뿌리가 꼬이지 않도록 잘 펴서 심어야합니다.

일단 묘목의 뿌리를 절단 했으면 뿌리소독을 하시는 게 좋습니다.

뿌리 소독제로는 베노밀 톱신엠 다이센엠 등을 사용하게 되어있습니다.

체리나무는 베노밀 보다 톱신엠이나 다이센 엠이 더 좋다는 평가들이 많아서 저는 다이센 엠을 씁니다.

300리터 물에 300g의 다이센엠을 풀어서 한시간 이상 담궈놓았다가 식재를 합니다.

이때 발근제나 뿌리 영양제를 물에 혼용하시는 분들이 있는데 발근제나 뿌리 영양제는 침지용(10초 이내로 잠깐 담궜다가 꺼내는 방식)이니 참고하시어 행하시면 좋을 겁니다.

저는 발근제나 뿌리 영양제를 사용하지 않습니다.

차라리 싹이 나오고 10cm 이상 자라면 이삭거름(nk비료)을 주당 한주먹정도를 줍니다.

어린 묘목을 심고 토양 살충제를 하신다고 하시는 분들은 두둑 만들때 미리 토양 살충제를 주시면 훨씬 더 묘목이 스트레스를 덜 받습니다.

중요하게 헷갈리는 분들

●●●

뿌리를 다듬고 소독물에 담그느냐?

소독물에 담궜다가 식재 전에 뿌리를 다듬느냐?

편하신 대로 하십시오.

단 이것만 지키시면 됩니다. 뿌리를 다듬은 다음에 소독물에 담글 때는 한 시간 이내 바로 담그고 식재 전에 뿌리를 다듬을 분들은 한 시간 이상 담궈도 문제없습니다.

옛날에는 24시간을 담궈야 한다고 했지만 요즘에는 체리묘목 저장고에서 계속 습을 먹입니다.

매일 한두 시간씩 습을 주기 때문에 그리 오래 담그지 않아도 됩니다.

출처: 윤지농장 블로그

우선 식재시 물을 충분하게 많이 줘야 좋습니다.

물을 많이주시고 흙으로 덮으십시오.

늦가을이나 초겨울에 심으시는 게 봄 활착에는 더 좋습니다.

봄에 심은 거와 초겨울에 심는 거와 어느 게 좋은지 묻는 분들에게 저는 낙엽지면 바로 심으라고 말을 합니다.

늦가을이나 초겨울에 심은 거는 봄에 물을 자주 안줘도 되지만 봄에 심은 묘목은 늦가을에 식재한 묘목에 비해서 물을 더 자주 줘야합니다.

중부지방을 기준으로 과수 나무들의 뿌리는 1월 말이면 활동을 시작합니다.

물론 토양에 식재되어 있는 나무들의 기준입니다.

그래서 봄가뭄을 덜 타는 방식이 가을 식재라고 알고 있습니다.

강원도처럼 겨울이 너무 일찍오는 지역은 어쩔 수 없다고 하더라도 이왕 심으실 거면 가을이나 초겨울 식재를 권해드립니다.

식재시에 구덩이 안에 물을 못줬다면 식재 후에 위에다 듬뿍 주세요. 위에라도 듬뿍 주시는 게 좋습니다.

왜 체리는 낮게 심어야 좋은가

체리는 뿌리가 깊게 들어가지 않은 천근성(뿌리의 분포가 토양 깊이 20~30cm 이내에 90%이상이 분포하고 옆으로 멀리 뻗는 특성) 작물입니다.

우리나라 토양은 황토가 많습니다.

황토 토양은 물 빠짐이 좋지 않고 비가 온 후에 물을 많이 먹음고 있어서 장마기간에는 습 피해를 입기 쉬운 토양입니다.

그러다보니 조금만 깊이심어도 20cm이상 들어가 있는 뿌리는 습해를 받아서 잘 썩어버립니다.

뿌리가 썩으면 위에 작물도 죽습니다.

우리나라는 체리의 원산지 기후하고는 반대의 기후입니다.

체리는 겨울부터 봄까지는 물을 좋아하지만 여름부터 가을 까지는 물을 덜좋아하고 습

피해를 잘 당합니다.

습 피해를 최소화하기 위해서 두둑을 만들고 깊이 심으면 안된다고 주장하는 겁니다.

낮게 심으면 이점이 또 있습니다.

모든 유실수는 낮게 심으면 결실 연령이 빨라진다는 연구 결과가 많습니다.

낮게 심으면 열매가 빨리 열린다는 겁니다.

잘 죽지않고 열매는 빨리 열리고 이러면 체리는 재배하기 쉽지않을까요?

체리나무 뿌리는 공기를 좋아합니다.

늘 숨을 쉬어야 나무가 건강해지는 특성을 가지고 있습니다.

그래서 뿌리가 천근성으로 얇게 옆으로 퍼집니다.

산소가 없으면 잘 죽습니다.

그래서 깊이심은 농가들은 거의 실패했습니다. 체리나무 특성을 보면 산소와 접촉이 끊어지는 시간이 한 시간을 넘어가면 뿌리가 괴사하기 시작한다고 합니다.

물에 잠겨서 죽는 원인도 이런 이유입니다.

흔히 물을 줄때 좀 많이 주어도 이상없겠지 하고 물을 하루 종일 주는 경우도 엄청 위험합니다.

첫 번째 줄부터 끝에 있는 나무까지 골고루 나눠서 주면 그나마 안심이지만 경사진 밭에서 비가 오면 아래 부분에 습이 많은 상태에서 윗부분이 말랐다고 위에서 아래로 물을 주는 경우 아랫부분 나무들만 잘 죽습니다.

체리는 물을 좋아합니다.

길게 주는 물을 좋아하는 게 아니고 짧게 자주 오는 비를 좋아합니다.

물을 줄때도 참고하시면 좋을 겁니다.

체리 묘목은 절대로 큰 파이프 가까이에 식재하면 안 됩니다.

체리는 교목임으로 초기 성장력이 어마무시 합니다. 그래서 파이프와 파이프 사이에 식재를 하시길 권합니다.

※식재 후에 절대로 해서는 안 되는 방식※

　그리고 고추 파이프로 일 년만 고정해 주시고 다음 해에는 제거를 해주셔도 절대 넘어지지 않습니다.

　식재 후에 얼어 죽을까 불안해서 위의 사진처럼 보온제나 부직포로 감싸 주시는 분들이 있는데 이렇게 해놓으면 봄에 나무는 더 잘 죽더군요.

　아무것도 싸지 않은 나무는 죽지 않고 잘 살지만 얼어 죽지 마라고 하는 나무가 더 잘 죽는 이유는 봄에 감싸놓은 보온재나 부직포 안쪽의 온도가 밖에보다 빨리 올라가다 보니 나무가 일찍 물을 올리기 시작한다는 겁니다.

　그래서 싹이 빨리 나오니 일찍 벗겨야 하고 갑자기 온도가 내려가면 얼어서 죽어버린다고 합니다.

　짚으로 감싸는 것 까지는 그런다고 할 수 있지만 더 이상은 안 됩니다.

　차라리 물만 듬뿍 주시고 그냥 두세요. 봄에 알아서 잘 자랍니다.

식재 후 컷팅 위치

식재 후 자르는 위치를 많이 물어봅니다.

저는 품종에 따라 다른 위치에서 잘라야 하고 식재한 땅이 모양에 따라 달라야 한다고 이야기합니다.

· **품종: 브룩스 라핀 첼란 레이니어 스키나 세콰이어 타이톤 겔노트 블랙펄 산수봉 홍수봉... 등**처럼 직립으로 자라거나 반직립형 품종은 본인의 무릎 바로 아래 또는 접목 부위 위로 20cm이내에서 컷팅 하시는 게 좋습니다.

· **품종: 버건디펄. 애보니펄 겔프로... 등**처럼 펜던트형의 품종들은 본인의 허리높이 또는 접목 부위에서 80cm이상 되는 곳에서 컷팅 하시는 게 좋습니다.

· **품종: 겔벤 블랙타타리안... 등**처럼 너무 많이 열려서 가지가 처지는 품종은 1m 높이에서 자르셔도 됩니다.

식재 후에 하는 일

●●●

식재 후 비나 눈이 오지 않으면 일주일에 한 번씩 물을 주시면 좋습니다.

토양이 얼어버리면 더 이상 물을 주지 마시고 그냥 두세요. 봄까지 아무 이상없습니다.

봄에 식재하신 분들도 일주일 한 번씩 물을 흠뻑 주십시오.

봄에는 비가 와도 주시는 게 좋습니다.

자주 물을 못주시는 분들은 비료 푸대를 갈라서 나무 주변을 덮어 주시면 습이 덜 날아가서 편합니다.

사진처럼 검은 비닐로 덮거나 비료푸대를 갈라서 덮어 주시면 토양이 훨씬 덜 말라서 좋습니다.

물론 관주시설이 되어있는 곳은 비닐을 덮을 필요 없이 그냥 두시는 게 좋고요.

풀 때문에 덮으시는 분들도 계시더군요.

일단 이렇게 덮어 놓으면 나무주변에 풀은 덜 날겁니다.

밭둑에는 고라니망을 하서야합니다.

고라니망은 해태망이 가장 좋다고 알려져 있습니다.

설치할 때는 위로 높이 하는 것 보다 바닥에 많이 펴주고 높이는 낮아야 고라니를 잡을 수 있지만 높이 설치하면 높이 설치할수록 고라니는 잘 들어옵니다.

　고라니의 습성은 밤에는 높이 뛰지 않습니다.

　보이지도 않은 밤에 높이 뛰었다가 어디로 빠져서 죽을지 모르는데 고라니가 높이 뛰겠습니까.

　고라니는 야간에는 무조건 아래로 들어옵니다.

　무조건 아래 부분에 구멍이 있거나 틈이 있으면 거기로 머리를 밀고 들어옵니다. 높이 뛰려고 생각도 안합니다.

　고라니가 높이 뛰는 건 도망갈 때나 위급 시에만 뜁니다.

　그러니 무조건 낮게 본인의 무릎 정도의 높이만 해도 좋습니다.

　그리고 나머지는 바깥쪽으로 땅에 깔아놓으세요.

　절대 고라니 안 옵니다.

　흔히 해태망을 쳤는데도 고라니가 들어오더라 하시는 분들 물어보면 전부 높게 치신 분들입니다.

　고라니가 한 번 체리 잎을 먹은 건 다시 살아나지만 두 번 먹으면 죽는 경우가 흔하니 잘 챙기셔야합니다.

　3년 이상 자라면 고라니는 해방됩니다.

식재 후 하는 일 퇴비나 비료주기

생땅이나 복토한 토양이 아니고 기존에 농사짓던 토양이면 굳이 퇴비나 유박 등을 주지 않아도 됩니다.

너무 작은 묘목을 가져와서 우리는 좀 키워야 될 것 같아요 하시는 분들도 조금만 주십시오.

저는 생 땅이나 복토 한곳이 아니면 이삭거름(nk비료 농협에서 판매)만으로도 충분 하다고 봅니다. 좀 덜크거나 안크는 나무만 20일 간격으로 주당 2~3주먹 정도만 주시고 자라기 시작하면 안주는 방식으로 하셔도 충분합니다.

만약 생 땅이나 복토한 토양 일때는 유박 퇴비를 넓게 퍼서 100평당 5포정도만 주십시오.

유박을 주실 때는 일반 유박보다 생선과 골분이 많이 들어있어야 가스발생이 적더군요. 저는 그래서 광어 유박이나 참치 유박을 권해드립니다.

가격은 일반유박보다 배 정도 비쌉니다.

그래도 가스발생이 덜하니 이걸 권해 드리니 참고하십시오.

벚나무에 비료를 줄 때(퍼온글)

영양이 풍부한 토양에서는 벚나무가 열매를 맺기 시작할 때까지 비료 사용을 보류할 수 있습니다(평균: 스위트 체리의 경우 4-7년, 파이/사워/타트 체리의 경우 3-5년). 당신의 새 벚나무가 성장기에 몇 인치의 새로운 녹색 성장을 하지 않는다면, 다음 봄부터 비료를 주는 것을 고려하십시오.

일반적으로 벚나무의 경우 1년에 한 번이면 충분합니다. 나무가 개화하기 약 2-3주 전인 이른 봄에 저질소 비료를 적용합니다. 싹이 트인 후에도 비료를 줄 수 있지만 늦어도 7월까지는 하지 마십시오. 특정 비료 사용 지침은 항상 제품 라벨에 인쇄된 정보를 참조하십시오. 비료에 대한 지역 권고는 연중 특정 시기에 적용될 수 있습니다. 현지 환경을 위해 이러한 제한 사항을 준수하십시오.

많은 과일 나무는 열매를 맺기 시작한 후 더 많은 질소를 필요로 하지만 벚나무는 그렇지 않습니다. 매년 토양을 테스트하여 필요한 것이 무엇인지 확인하고 질소 수치가 낮으면 초봄에 싹이 트기 몇 주 전에 저질소 비료를 소량으로 시비합니다. 잡초가 벚나무와 영양분을 놓고 경쟁할 것이기 때문에 나무를 멀칭하고 잡초를 막으십시오.

성장기가 줄어들면서 부상의 가능성을 방지하려면 7월 1일 이후에 비료를 주지 마십시오.

출처: 질소사용에 대한 지기님의 주장을 뒷받침하는 묘목회사의 기사내용
(체리 농부들) 작성자 청유

외국의 자료를 봐도 체리에 비료나 퇴비를 거의 주지 않습니다.

특히 여름에 비가 많은 우리나라 토양과 기후 에서는 질소질은 나무만 크게 하고 열매를 맺지 않게 합니다.

기존에 체리를 식재했던 농가들 대부분이 식재하고 부터 매년 퇴비나 유박을 주었습니다.

그러다보니 나무는 엄청 큰데 열매는 열리지 않는다고 그래서 우리나라 에서는 체리는 안 된다고 많이들 했습니다.

저는 기존 농사를 짓던 토양이면 평생 질소질을 안줘도 된다고 생각합니다.

그래도 나무만 잘 큽니다.

많이 열리면 그래도 미안하니 좀 먹어야 되지 않냐고 말씀 하시는 분들이 많습니다. 그 때마다 제가 하는 애기는 주당 30kg 이상을 따시면 주시라고 합니다.

그만큼 체리는 열매를 달지않고 나무만 자라면서 양분 축적을 하는 시간이 깁니다. 7월 부터는 비도 자주 오는데 열매는 달고 있지 않고 양분은 전부 나무에 축적됩니다.

그래서 다음해에 질소를 투입하지 않아도 신초가 엄청 잘 자랍니다.

제발 체리를 따고 싶으시면 질소를 주지마세요.

(외국의 체리재배 자료 중 질소부분을 가져와봅니다.)

질소 비료를 과도하게 사용하면 농장에서 건강 문제가 발생할 가능성이 높아 지고 새싹이 더 빠른 속도로 자라며 비목화 표면이 증가하여 벚나무가 미생 물 공격에 더 많이 노출됩니다.
부족시 나무의 가장 오래된 잎에서 시작되는 백화증을 유발합니다.
나무는 뿌리 활동이 없고 광동화 물질을 합성하지 않기 때문에 나무가 돋아 나는 과정입니다. 개화 중 질소 필요량은 적당합니다.
과실이 맺히는 동안, 새싹과 열매가 발달하는 동안 질소 요구량은 점진적으 로 증가하며, 질소 요구량이 감소하는 새싹 성장 및수확 기간이 끝날 때까지 계속됩니다. 수확 후인 7월 하반기 동안 우리는 이전에 언급한 대로 다음 생 산 주기의 봄 수요를 충족시키기 위해 벚나무가 예비 기관에 저장하는 질소 수요를 충족해야 합니다.

이른 봄에 벚나무에 필요한 질소는 전년도에 축적된 비축량에서 아미노산 형태(유기 형태)로 존재하며, 식물 활동을 시작하는 새싹에 동원됩니다. 가지, 줄기, 뿌리와 같은 예비 기관에서 질소 화합물의 사용은 필수적입니다.

질소는 벚나무에서 다수의 유기 화합물을 형성하는 기본 요소이며, 아미노산, 단백질 및 다수의 화합물을 형성하는 데 기본이 됩니다.

이는 지상부와 뿌리 시스템 모두의 발달에 영향을 미치며 개화부터 과일의 발달 및 품질까지 모든 과정에 영향을 미칩니다.

엽록소 분자에 존재하므로 탄수화물 합성에도 영향을 미칩니다.

봄철과 수확 전 기간에 과도한 기여는 과일에 심각한 품질 문제를 일으킵니다.

또다른 비료에 관한 글 하나

결핍은 성장 부족, 일반적인 엽록소 결핍(잎이 노랗게 변함) 및 작은 크기의 과일에 반영됩니다.

독성 또는 과잉은 과도한 식물성 생장, 수확 지연 및 과일 품질 저하로 이어질 것입니다.

증상은 오래된 잎에서 시작됩니다. 총 N의 잎 조직 분석은 N 결핍 또는 과잉의 좋은 지표입니다.

잎의 N 농도는 매우 높은 수준(약 3%)에서 시작하여 가을에 1.0% 미만으로 계속 떨어집니다. 따라서 잎 조직 분석을 지표로 사용할 때 과일이 없는 현재 개질의 싹에서 최근에 성숙한 잎을 수집하는 것이 중요합니다.

N(NO3 또는 NH4)의 토양 검사는 N공급을 예측하는 좋은 지표가 아닙니다.

질소는 기본적으로 필요합니다.

하지만 우리나라 토양과 기후에서는 그렇게 필요하지 않다고 느낀 이유는 아직까지 체리나무 재배농가에서 체리나무가 안 커서 열매를 못 따고 실패 했다는 경우는 한 번도 없었습니다.

나무가 너무 커서 베어낸 경우는 흔하게 봐 왔고요.

체리 재배의 목표는 체리 나무를 얼마나 안 키우느냐 이게 목표라고 생각하세요.

저는 그렇게 생각하고 그렇게 실천에 옮기고 있습니다.

관수시설 설치

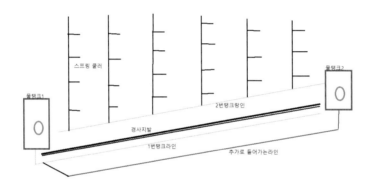 • • • •

관수시설을 설치할 때는 우리밭의 생긴 모양을 잘보고 두둑이 만들어진 골을 보고 무조건 경사면의 아래쪽에 물탱크와 모터를 설치하십시오.

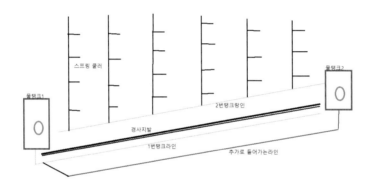

아래쪽이 어려워서 어쩔 수 없이 사진의 물탱크 2번에 물탱크를 놓게 된다면 모터래도 물탱크 1번에 위치하는 게 안전합니다.

물탱크 2번에서 추가로 들어가는 라인으로 물을 가지고 와서 밑에서 물을 밀어주시는 게 모터의 수명 연장에 좋습니다.

만약 2번 물탱크 위치에 모터가 있다면 관수하실때 잠깐 깜박하고 물탱크에 물이 안 들어 오고 물이 전부 나가는 경우 그 모터는 무조건 타버립니다.

하지만 아래쪽에 모터가 올려 쏘고 있는 상태에서 탱크에 물이 떨어지더라도 호스에 있는 물이 얼마간은 모터의 열을 식혀주니 더 안전할 수 있습니다.

여기에 안전변이 달려있다면 더욱 안전하겠죠.

탱크에 물이 떨어지는 순간 모터를 커주니까요.

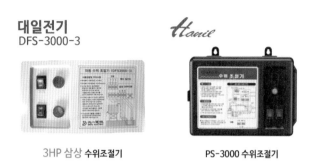

대일전기
DFS-3000-3

Hanil

3HP 삼상 **수위조절기**　　　PS-3000 수위조절기

우리 농장에는 위 두 가지 제품을 사용해서 혹시 모터 틀어놓고 잊어버릴 걸 대비해서 설치를 해두었습니다.

저녁에 밭에 물 틀어 놓구 잠들어 버리는 경우도 있어서 이걸 설치했더니 편하기는 합니다.

사실 이것 설치하기 전에 모터 틀어 놓구 잊어 먹어서 모터 하나 태워 먹은 적이 있거든요. 그래서 부랴부랴 모터 사오면서 같이 사와서 설치했더니 불안감이 없어집니다.

무조건 안전장치를 하시는 게 좋습니다.

요즘에는 스마트 센서나 비접촉 센서도 있으니 기계 조작에 능하신 분들은 사용해도 좋을 겁니다.

관주시설에 대한 작가의 의견

앞에서 설명한 게 어려울 수 있어서 쉽게 다시 한 번 설명드립니다.

관주시설 설치 시 50mm 본 배관은 무조건 경사진 밭의 아래쪽에 위치하라는 말입니다.

아래쪽에서 본 배관이 있고 거기에서 두둑으로 분배를 하되 20mm 연질관으로 두둑위에 두시고 거기서 스프링 쿨러를 뽑아서 물을 줘야지 본배관이 위쪽에 있으면 경사지 아래 나무들은 잘 죽습니다.

무조건 경사지 아래쪽에 본 배관을 설치하세요.

관수시설은 어떤 게 좋을까

● ● ●

점적이 좋은지 스프링 쿨러가 좋은지 물어오시는 분들이 많습니다.

제가 어떤 게 좋다고 하기 보다는 제 설명을 듣고 여러분들이 판단 하십시요.

체리를 식재하고 첫해와 두해 까지는 나무의 뿌리가 멀리 나가지 않습니다.

그러기 때문에 점적 호스나 농약주는 기계를 이용해서 손으로 주어도 큰 문제는 안생기고 잘 자랍니다.

하지만 체리 나무가 나이를 먹을수록 뿌리가 뻗어 나가는게 점점 멀어집니다

(보통은 뿌리의 옆면적이라 합니다.)

4~5년이 지나고 생식생장(열매를 맺기 시작하는)을 시작하면 뿌리의 면적도 넓어지고 필요로 하는 물도 많이 집니다.

스프링 쿨러로 한 시간 줄 양을 점적 호수로 주게 되면 12시간 이상을 주어야 스프링 쿨러로 준 양과 같은 경우가 많습니다.

물론 허비되거나 잡초가 먹거나 토양에 흡착되는 양을 빼더라도 순수 나무가 먹기 위해 물과 접촉하는 면적이 점적은 떨어지는 부분에서 깊이는 들어가지만 옆으로 번지는 건 쉽

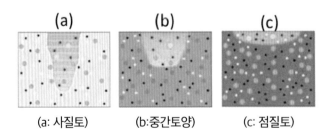

그림 토양에 따른 물 흡수모습
출처: https://www.chegg.com/

지 않다고 보시면 됩니다.

물론 토양에 따라서 달라질 수 있습니다.

모래가 섞여있거나 강가 또는 마사 토양은 그림(a)나 (b)처럼 깊이만 들어가기 때문에 체리 나무처럼 뿌리가 천근성(뿌리가 깊이 들어가지 않고 옆으로만 뻗는 뿌리의 특성을 이르는 말)인 작물은 무조건 스프링 쿨러로 관수를 하는게 좋습니다.

점질이 강한 토양도 나무가 어릴 때는 한줄로 점적 테이프를 깔아서 줘도 되지만 나무가 자라면 두 줄을 최소로 해 주는 게 좋습니다.

나무와 나무 중간에 파이프를 박고 (이때 파이프의 굵기는 25~48mm까지 아무거나 쓰서도 됩니다. 저는 25~32mm를 섞어서 사용했습니다.)

공중으로 뛰울 거면 2m 정도만 지상으로 파이프가 나오면 됩니다.

저는 건너 다닐 때 걸리적 거릴까봐서 2m 정도 높이에 배관(공중에 뛰우는 파이프는 연질파이프를 쓰시는 게 좋습니다.)을 설치하고 스프링 쿨러를 1.5m 내려서 설치했습니다.

하지만 본인의 토양에 맞춰서 어느 분은 파이프를 땅속으로 묻는분도 계시고 어느분은 높이를 1m정도에 하신분도 계시니 주변농가를 방문해 보시고 천천히(식재 후 2~3년 후) 설치하셔도 됩니다.

하우스나 비가림을 꼭 해야 합니까?

●●●●

자금이 여유 있으시면 하셔도 됩니다.

하지만 저는 무조건 투자는 적게 해야 한다는 주의입니다.

새로 짓는 거는 보조 사업비가 70% 이상 나온다면 모르되 그렇지 않으면 절대 하지 마십시오.

저는 과수 농사를 짓는 분이라면 하우스보다 먼저 ss기(스피드 스프레이)와 승용 예취기를 구입 하는 게 과수 농사꾼이라고 생각합니다.

하우스나 비가림은 없어도 과수농사는 가능하지만 SS기와 승용 예취기 없이 과수 농사를 짓는 건 저는 추천하지 않습니다.

물론 초기에는 사용 할일이 많지 않으니 굳이 처음부터 구입해서 농사를 지으라는 건 아닙니다.

열매를 수확하기 시작하면 꼭 필요합니다.

스피드 스프레이

승용 제초기

그리고 이 두가지 기계만 있어도 농사 짓는 건 정말 편해집니다.

저는 제가 제초제를 승용 예취기를 타면서 할 수 있게 만들어서 진작부터 예취기와 동시에 제초제까지 뿌릴 수 있게 만들어서 사용하고 있습니다.

요즘에는 승용 예취기 판매점에서 전부 이런 형태로 나온다고 하더군요.

타면서 제초제를 할 수 있고 풀을 베면서 동시에 제초제도 할수있는 방식이요.

저도 처음에는 동시에 했지만 지금은 한 번은 제초작업 하고 한 번은 제초제 살포하고 합니다.

여튼간에 하우스나 비가림을 내돈 들여서 하실 거면 이두가지 기계를 사는 게 이득입니다.

기존에 농사짓던 하우스나 비가림이 있는 경우는 지붕만 완전 개패로 리모델링을 하시면 가능합니다.

단 가운도 가장 높은 고가 4m 이상은 나와야 가능합니다.

그 아래 높이라면 비닐을 안 씌우는 조건이면 더 좋고요. 보통 7~8m 넓이의 하우스가 많습니다.

여기는 7~8m 넓이를 그대로 이용하시면 됩니다.

파이프 박힌 곳에 둑을 만들고 7m 간격으로 양쪽에 심으시면 됩니다. 그래서 하우스 안쪽으로만 자라게 키우는 방식을 말합니다.

출처: 농업회사법인 이랑(강원도 평창소재)

체리를 하우스에서 재배하려면 최소 사진처럼은 천장과 측장이 완전히 개방되는 하우스를 사용해야 합니다.

위 사진의 이랑 이라는 농업 법인에서 시공한 하우스인데 내리고 올릴때 꼬이지 않은 방식을 사용한다고 합니다.

이런 방식의 하우스를 이용해서 늘 열어놓고 재배를 하다가 체리 수확 철에 비가 온다고 하면 덮어 쒸우는 방식으로 재배 하시는 게 저는 맞는 방식이라고 봅니다.

다른 때는 무조건 올려놓고 수확기에만 덮는 방식입니다.

일반 하우스에서 재배 했던 농가들은 10년을 채우기 힘듭니다.

10년 넘게 하우스에서 재배하는 곳을 못 봤습니다. 그나마 완전 개폐형은 유지를 하는 농가를 봤습니다.

그 농가도 많이 솎아낸 농가입니다.

처음에 하우스 안쪽으로 두줄 하우스 파이프 박힌 곳에 한줄 이렇게 식재했었는데 지금은 하우스 박힌 곳만 두고 전부 베어낸 농가만 남아 있는 걸로 알고 있습니다.

경주는 가운데 한줄만 심어서 아직 유지하는 농가도 있습니다.

그만큼 넓게 심어야 유지가 된다는 겁니다.

수확 철에 비가오지 않으면 사용하지 않는다고 합니다.

제가 수확 철에 비를 맞아도 열과가 잘 되지 않은 품종을 추천해 드린 이유는 하우스에 큰돈을 투자하지 마시고 노지 재배가 충분히 가능하기에 버건디 애보니 겔프로 등을 추천하는 겁니다.

잎줄기에 이상한 혹이 생겼어요?

●●●

   처음 체리를 재배하시는 분들은 어 잎에 이상한 혹이 생겼네 하실 겁니다.

   더군다나 개미나 벌들이 엄청 좋아해서 체리 나무를 심었더니 개미집이 체리밭에 엄청 생겼다는 분들도 많이 봤습니다.

   체리는 기존 과수들과 다르게 꿀샘이 달려있는 특성이 있습니다.

   이건 체리의 꿀샘입니다.

   그래서 개미나 벌들이 많이 덤비지만 큰 이상이 있어서 그러는 게 아니고 꿀샘에서 꿀물을 받아먹기 위함이라고 생각하세요.

체리잎줄기의 꿀샘 모습

식재 첫 해
컷팅해야 하는 품종 관리

식재 첫해 6월에 1차 자른 모습

식재하고 첫해에 컷팅하는 품종들은 브룩스 첼란 라핀 스키나 레이니어 홍수봉 등처럼 직립형으로 자라며 결과지에 열매를 다는 품종이 아니고 주지나 부주지에 열매를 다는 (결과지가 잘 안 나오거나 나오더라도 볼펜심 정도로 얇게 나오는 품종) 품종은 6월 중순 경에 1차 컷팅을 해주면 좋습니다.

가지를 여러 개 받아서 웃자람을 방지하고 화속이 일찍 들어오게 하는 방법으로 60cm 이상 자란 가지를 사진처럼 15~20cm만 두고서 자르시면 됩니다..

이때 주의할 점은 기름기가 없는 토양에서는 반느시 15~20일 전에 퇴비를 주시는 게 좋습니다. 퇴비나 유박을 안주고 컷팅을 할 경우 새싹이 가지당 3~4개는 나와 주어야 하는데 세력이 약해서 한두 가지밖에 안 나온다는 겁니다.

그러면 최종 가지 숫자가 몇 개 안 돼서 컷팅의 효과를 볼 수가 없습니다.

그럴 경우 2차 컷팅을 한 달 후에 다시 하셔야 합니다.

출처: 그린시드팜 블로그

위 사진은 2차 컷팅후에 자라는 모습입니다.

이렇게 키우는 방식이 kgb수형의 기본 틀입니다.

요즘에는 수형에 관한 이야기가 크게 중요하지 않다고들 하지만 몇 년 전까지만 해도 체리 재배의 모든 것은 수형에 달려 있다고들 이야기 했었습니다.

저만 홀로 수형에 얽매이지 말아라 말아라 소리 지르고 다녔었죠.

여튼간에 이수형은 (kgb수형) 외국에서는 많이 사용하는 수형이지만 국내에서는 실패한 수형으로 통영 됩니다.

당연한 이치입니다.

외국에서도 기세라 3번 이상의 대목으로 이 수형을 하지 마라고 되어있고 기세라 3번 대목을 쓰더라도 여름 비가 많은 지역에서 소용없는 수형이라고 나와 있습니다.

그런데 우리나라에서는 콜트 대목에 이수형을 만들었으니 안 될 수밖에 없었습니다.

콜트 대목으로는 7년 넘긴 농가가 없으니 참고하시면 좋을것 같습니다.

기세라 6번이나 크림슨 5번 으로 식재했던 농가들도 8년이 넘어가면 베어내는걸 많이 봤습니다.

더군다나 kgb 수형이 한창 유행할 때는 아무 품종이나 무조건 이수형으로 키운다고 식재하신 분들이 지금은 전부 후회하고 있고 베어내고 체리를 포기하고 그렇습니다.

콜트로 도전했던 kgb모습 현재는 베어냈습니다.

kgb 수형을 하고자 하신다면 먼저 대목을 기세라 3보다 작은 대목을 찾으십시오. 그리고 맞는 품종(브룩스 첼란 라핀 스키나 레이니어 홍수봉 등)을 선택해서 식재하시면 가능할 겁니다.

요즘 미국에서는 블랙펄도 kgb는 안된다고 나왔더군요. 대목은 기세라 3번인데도 안된다고 하니 참고하세요.

인기 있는 체리 시스템의 인기가 떨어지다

컬럼비아 협곡의 새배자늘이 일부 품종에 대해 KGB에서 벗어나고 있습니다.

Ross Courtney, TJ Mullinax // 2022년 10월 19일

유인하면 체리가 빨리 열립니다

● ● ●

모든 과수는 부주지를 유인하거나 결과지를 유인하면 생식생장(나무가 자라는 건 영양 생장 열매를 맺는 습성을 생식생장이라고 함)으로 변환되어 유인하지 않은 나무에 비해서 빨리 열매를 맺습니다.

체리는 외국에서 5년 후부터 열매를 맺는 과일로 통영됩니다.

우리나라에서는 기다림이 너무 지루해서 빨리 열매를 달리게 하고 싶어서 엄청 서두릅니다.

모든 과수는 유인하면 생식생장으로 변환이 빠른 건 맞습니다.

체리도 마찬가지로 처음에는 무조건 유인했습니다.

초기에 하는 이수시게 유인부터 좀더 자라면 끈으로 당겨서 하는 유인까지 모든 줄기에는 끈이 묶여 있었고 모든 끈은 땅에 박혀있었습니다.

그해가 가기 전에 갈아엎은 농가 절반 2년 후에 갈아엎은 농가 절반 초기 체리 재배 역사는 이렇게 시작되었습니다.

유인해 놓고 풀을 베다보면 나무가 통으로 죽는 경우 보다는 줄기별로 죽는 경우가 더 많았습니다.

이 나무는 한 줄기 저 나무는 두 줄기 또 다른 거는 세 줄기 와! 미쳐버릴 지경이었습니다.

어쩌면 유인하는거 보다 가지를 잘라서 키우는 게 덜죽으니 그때부터 나무 죽이느니 kgb 수형으로 가는 게 이득이구나 하고 너도 나도 kgb 수형을 적용했던 거 같습니다.

정확 지식과 기술이 없고 품종이 다르다는 걸 모르고 무조건 kgb 수형을 도입한 게 실수였을지 모릅니다.

한때는 수형교정한다고 3년생을 다시 잘라서 1년생으로 만들어야 가지를 30개 만들 수 있는 방법이 유행하여 수형 교정을 다니던 분들이 있었으니까요.

사진처럼 자르고 다시 퇴비 주면 저 나무는 얼마나 잘 자랄까요.

그리고 어디까지 자랄까요?

저 나무는 열매를 달지 못하고 목재로 쓰는 체리 나무가 됩니다. 체리는 목재로 유명합니다. 인기도 상당히 좋습니다. 유럽 쪽에는 체리나무 목재가 비싼 가격에 판매됩니다.

맨날 자르고 퇴비 주고 하면 목재용 체리 나무를 키우는 거지 열매 열리는 체리 나무를 키우는 게 아닙니다.

제발 질소 주지 말고 유인하지 마시고 저절로 유인되는 품종을 심으세요.

저는 우리나라에는 그런 품종이 맞다고 생각해서 그런 품종만 추천합니다.

(버건디펄 애보니펄 겔프로 겔벤 겔노트 등)

주의사항

비건디펄 애보니펄 셀프로 처럼 식재할 때 80cm 이상에서 자른 품종은 절대 이런 형태로 키우면 안 된다는 겁니다.

가만히 두십시오. 1~2년 동안은 특별하게 할일이 없습니다.

풀 잡고 물만 잘 주세요.

체리의 전정은 닭발 전정만 평생하셔도 됩니다.

줄기 끝을 벌레가 먹었어요

순나방 피해입은 가지

순나방은 신초 줄기를 가해하는 나방으로 7월 초부터 발생하기 시작합니다.

순나방을 방제하려면 데시스나 켑처를 저는 사용합니다.

한 달에 한 번 정도면 거의 안오더군요.

이 약은 체리에 등록되어 있으며 등록되어 있지 않은 걸로는 신기록D나 세빈 만루포를 사용합니다. 이 약들은 접촉 및 소화 중독을 일으키는 약으로 약효가 오래가고 비교적 저렴한 금액으로 판매가 됩니다.

이 농약들은 미국 흰불나방 약재로도 좋습니다.

특히 가뭄이 심해지고 온도가 높아지면 나방들의 활동이 더 강해지니 가뭄이 들면 월 1회 방제는 여름철에도 하시는 게 좋습니다.

단 이 나방은 체리 열매에는 피해를 주지 않습니다.

미국 흰불나방 피해나무

열매를 수확하고 나면 나타나기 때문입니다.

4~5년 자라면 순나방 오라고 해도 잘 안 오니 그리 걱정 안 하셔도 됩니다.

순나방 피해는 식재 첫해가 가장 심하고 다음해부터는 덜 나타납니다.

하지만 브룩스나 라핀 등처럼 직립으로 자라는 품종들은 3년 정도는 잘 나타나니 방제에 신경 쓰셔야 할 겁니다.

애보니펄 이나 버건디펄처럼 펜던트 형의 품종들은 2년만 지나도 순나방 피해는 잘 나타나지 않을 겁니다.

순나방방제를 하시려면

년 4~5회 발생하며 노숙유충으로 조피틈이나 남아 있는 봉지 등에서 고치를 짓고 월동한다.

1회 성충은 4월 중순~5월에, 2회는 6월 중하순, 3회는 7월 하순~8월 상순, 4회는 8월 하순~9월 상순에 발생하고, 일부는 9월 중순경에 5회 성충이 나타나나 7월 이후에는 세대가 중복되어 구분이 곤란하다. 1, 2화기는 주로 복숭아, 자두, 살구 등의 신초나 과실에 발생하며 3~4회 성충이 사과와 배의 과실에 산란하고 가해한다.

예찰은 신초의 선단부가 죽어 있으면 일단 복숭아순나방의 피해로 본다.

페로몬 트랩을 3월 하순 설치하여 성충이 잡히는 수를 조사하여 성충발생 최

성기를 파악한다.

출처: 농사로

체리에는 6월말 이후에 신초를 가해하면서 나타납니다.

체리의 순나방 방제는 6월말 7월말 8월말 이렇게 3회 정도만 하시면 충분합니다.

식재 1년차에는 순나방이 와서 신초를 가해 하도록 그냥 두면 본인이 돌아다니면서 끝

순을 잡을 필요가 없으니 저는 안합니다.

2년째 되면 저는 방제를 합니다. 3~4회 정도 방제를 합니다.

3년째 되는 나무부터는 하지 않습니다.

순나방인이 와서 결과지 끝순은 건들지 않고 한참 자라는 가지 끝만 노리거든요.

저는 그냥 두니 편하더군요.

크레졸을 이용하여 순나방 방제를????

크레졸(cresol)은 석탄타르 및 나무타르 중에서 석탄
산과 함께 발생하는 물질입니다. 소독약과 방부제로 쓰
입니다.

크레졸 비누액을 저는 인터넷으로 주문합니다.

가까운 약국에서도 팜내 한다고 하니 거기서 구입해
서 사용해 보십시오.

보통 알려진 방법은 노린제를 못 오게 하는 방법으로 알려져 있습니다.

저도 처음에는 노린재를 못 오게 하기 위해서 사용했었습니다.

한 병이 200ml로 나옵니다.

노린재 예방을 할 때는 20리터의 물에 한 병을 넣습니다.

저는 10리터의 물에 한 병을 넣고 거기에 알콜 70%(약국이나 농약방에서 소독용으로 판매함)를 혼용합니다.

10리터 물통은 꽂게 아미노산을 사용한 빈 통을 사용합니다.

이 물통에 물을 90%정도 채우고 크레졸 한 병과 알콜 종이컵 한 컵을 넣고 뚜껑을 닫고 흔들어 줍니다.

생수병을 가져와서 양쪽으로 날개를 만들어 줍니다.

아래쪽 사진처럼 날개를 만들어서 군데군데 약 20m정도의 간격에 걸어둡니다.

저는 냄새가 싫어사 늘 다니는 길에서 안쪽으로 설치를 하고 거기에 통에 들어있는 크레졸을 주전자를 이용해서 많이 부어줍니다.

남아서 20일후에 사용해 보니 효과가 떨어지더군요. 그래서 만든 거는 모두 사용합니다.

방제하기 힘들어요 하시는 분들은 이렇게 해보시면 좋으니 한 번 사용해 보십시오. 단 이걸로 완벽하게 안 오지는 않습니다. 덜 온다는 거니 혹여 이걸로만 완벽하게 된다고는 믿지 마십시오.

페트병에 크레졸 혼합물을 부은 모습.
출처: 홍가네 농원

체리의 팁번 현상

●●●●

장마철이나 마른 장마가 오면 체리나무에 가장 잘 나타나는 현상입니다.

신초잎이 타는 현상입니다. 이 현상은 정확하게는 양분부족입니다.

흔히 팁번 현상이라고 합니다. 팁번 현상은 흔히 칼슘 부족으로 알려져 있습니다.

신초잎이 괴사합니다.

심각해지면 자람을 멈추고 나무 전체가 죽는 경우도 있습니다.

비가 많은 장마철이나 가뭄이 계속되면 어느 한 순간에 옵니다.

일반 칼슘제 예방으로는 잘 듣지 않습니다.

6월 말이나 7월에 질산칼슘이나 붕산이 함유된 칼슘을 두 번 정도는 살포해 주셔야 합니다.

저는 이 방법은 권하지 않습니다.

칼슘은 기공을 막는 역할도 하기 때문에 큰 피해가 가지 않는다면 권하지 않으니 참고하십시오.

외국에서는 가장 많이 사용하는 게 can-17입니다.

하지만 국내에는 수입되지 않는 제품이니 집에서 저는 만들어서 사용합니다.

먼저 can-17성분을 보시면

12% 중량/중량 **질산성 질소(N)**

5% 중량/중량 **암모늄질소(N)**

12.5% 중량/중량 **산화칼슘(CaO) 수용성**

<u>500배 살포</u>

이렇게 되어 있습니다.

물(L)	100배 (0.01%)	200배 (0.005)	250배 (0.004)	300배 (0.003)	400배 (0.0025)	500배 (0.002)	600배 (0.0016)	800배 (0.0012)	1000배 (0.001)	2000배 (0.0005)
1L	10cc	5cc	4	3.3cc	2.5cc	2	1.7cc	1.3cc	1cc	0.5cc
5	50	25	20	16.7	12.5	10	8.3	6.3	5	2.5
10	100	50		33.3	25	20	16.7	12.5	10	5
15	150	75	40	50	38	30	25	19	15	7.5
20	200	100	80	66.6	50	40	33.3	25	20	10
25	250	125	100	83.3	63	50	41.6	31	25	12.5
30	300	150	120	100	75	60	50	38	30	15
40	400	200	160	133.3	100	80	66.6	50	40	20
50	500	250	200	166.6	125	100	83.3	63	50	25
100	1L	500	400	333	250	200	166.6	125	100	50
150	1.5	750	600	500	375	300	250	188	150	75
200	2	1	800	666	500	400	333.3	250	200	100
250	2.5	1.25	1	833.3	625	500	416.6	313	250	125
300	3	1.5	1.2	1	750	600	500	375	300	150
350	3.5	1.75	1.4	1.17	875	700	583.3	437	350	175
400	4	2	1.6	1.33	1	800	666.6	500	400	200
450	4.5	2.25	1.8	1.5	1.13	900	750	563	450	225
500 (25말)	5	2.5	2	1.66	1.25	1	833.3	625	500	250
600	6	3	2.4	2	1.5	1.2	1	750	600	300
700	7	3.5	2.8	2.33	1.75	1.4	1.17	875	700	350
800	8	4	3.2	3	2	1.6	1.35	1	800	400
900	9	4.5	3.6	3.33	2.25	1.8	1.5	1.13	900	450
1,000	10	5	4	3.66	2.5	2	1.67	1.26	1	500

영양제나 비료의 희석 비율표

우리나라에 판매되는 질산칼슘은 15%의 질산태질소 26%의 칼슘으로 되어 있습니다.

그래서 반만 넣어도 됩니다. 그래서 천배로 희석합니다.

여기에 저는 유안비료(암모늄 질소) 3천배로 희석하여 살포합니다.

이런 형태로 국내에서 휴면 타파제로 사용해도 됩니다.

500리터 물에 질산칼슘 500g 유안비료 125g을 넣어서 팁번 예방이나 휴면타파제로 사용할 수도 있습니다.

제초제 사용법

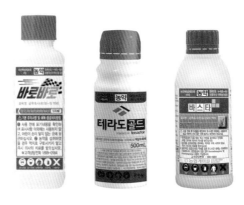

저는 제초제는 위 3가지만 사용합니다.

하지만 과수원에 직접 등록되어 있는 건 아닙니다.

등록 되어있지 않기에 재배하는 농가의 판단에 의해서 사용하십시오.

위 3가지 농약은 침투 이행성이 없는 제초제이며 비선택형 제초제입니다.

파란 줄기나 잎에 직접 맞으면 그 부분만 죽고 맞지 않은 곳이나 이미 목질화가 되어있는 나무 에서는 흡수하지 못한다고 설명서에 나와 있습니다.

바로 바로와 테라도 골드는 풀이 빨리 죽습니다.

바스타는 천천히 풀이 죽습니다.

저는 제초제를 20리터에 200ml를 넣습니다.

대신 다른분들 2~3통으로 할 면적을 한통으로 빨리 지나가면서 합니다.

대신 풀이 5~10cm 이내로 작을 때 합니다.

풀이 자라버리면 제초제를 아무리 많이 타도 잘 안 죽더라고요.

그래서 뿌리는 방법을 풀이 어릴 때 진하게 타서 많은 면적을 해 버립니다.

많은 분들이 요즘 제초제는 풀이 잘 안 죽는다고 하면서 희석할 때 많은 약을 넣고 거기에 요소를 넣던지 전착제를 넣어서 뿌리는 경우를 자주 봤습니다.

제초제는 일부러 그런 걸 넣지 않아도 흡수가 잘됩니다.

단지 너무 풀이 커버려서 잘 안 죽는 경우가 많습니다.

풀이 어릴 때 하십시오.

제초제는 뿌리고 30분만 지나도 아주 큰비만 아니면 잘 죽습니다.

작은 이슬 거리에는 비를 맞으면서 해도 될 정도로 잘 죽으니 걱정하지 마시고 풀이 어릴 때 하십시오.

저는 제초제를 할 때 리도밀 골드(수화제)를 혼용해서 살포합니다.

따로 리도밀 골드를 주기 귀찮아서 이리합니다.

체리는 풀과의 전쟁에서
패배합니다

● ● ●

체리는 아무리 커도 풀과의 싸움에서 이기질 못합니다.

체리 나무 밑에는 아무것도 있으면 안 됩니다.

풀을 베거나 다른 작물의 줄기나 전정한 나무 가지도 있으면 안 됩니다.

무조건 병이 오거나 열매를 맺지 못합니다.

전정하고 가는 줄기가 아래 떨어져 있더라도 되도록이면 두둑사이 헛골로 보내세요.

체리 나무 밑에는 풀이 자라기전에 제초제를 하십시오.

8월에 낙엽이 지는 첫번째 원인이 풀이나 다른 작물 찌꺼기를 두었을 때입니다.

체리 나무 밑이 깨끗하면 다른 농약을 안해도 낙엽이 잘 안 옵니다.

친환경 재배를 해야 해서 나무 밑에 풀은 자주 예취기로 깎으니까 저는 괜찮겠죠?

글쎄요? 저는 제초제를 하라고 합니다.

부직포를 덮는 분들은 한달 덮어주고 한달 걷어주고 해야 합니다.

체리는 그정도로 풀을 싫어합니다.

제가 사막화를 만들어라 하니까 많은 분들이 의아해 하십니다.

사과나 자두 복숭아는 풀이 어느 정도 있어도 충분히 견뎌냅니다.

아닙니다. 체리는 아닙니다.

무조건 나무 밑은 사막화를 만드십시오.

이게 체리재배 성공의 첫 번째 포인트입니다.

풀을 잡으세요

체리 밭에는 무조건 해야 되는게 있고 하지 말아야 할게 있습니다.

하지 말아야 할 것은:
함부로 전정 하지마라.

함부로 순집기 하지마라.

함부로 질소질을 주지마라.

수형에 얽매이지마라.

유인 하지마라.

부직포를 덮지마라.

풀을 키우지 마라. 등등

무조건 해야 되는 것은 :
두둑을 만들어라.

고라니망을 쳐라.

석회를 줘라.

풀을 잡아라. 등등

이중에서 가장 중요한 것은 풀을 잡아라입니다.

저는 수시로 예취기를 돌립니다. 안됩니다.

무조건 나무 밑이라도 사막화를 만들어야 합니다.

10년생이 넘었다면 편한 대로 하십시오. 하지만 10년생이 안 됐다면 무조건 나무 밑에라도 사막화를 해 줘야 합니다.

여러분들도 외국 체리밭 사진을 보면 체리 밭은 이상하리만큼 풀이 없습니다.

제초제를 쓰든 쟁기로 갈든 아직 10년생이 안되었다면 무조건 풀을 없애십시오.

10년이 넘어 가면 하지 마라고 해도 하게 되는 게 제초제입니다.

왜 날라리 농부는 풀을 강조할까?????

외국의 모든 자료를 봐도 수지병의 예방은 첫 번째가 풀 제거입니다.

뿌리 썩음병 예방도 줄기 마름병 예방도 무조건 첫 번째가 잡초 제거입니다.

그다음이 물입니다.

두둑을 만드는 것입니다.

그만큼 풀은 위험합니다. 자주 깎는다고 되는 거 절대 아닙니다.

부직포 덮는다고 되는 거 절대 아닙니다.

무조건 나무 밑에는 사막화를 하십시오.

우분퇴비 사용을 주의하세요

제가 지금까지 체리 농사지으면서 많은 분들에게 욕을 먹는데요.

그중에서 소를 키우면서 체리 농사를 짓는 분들에게 지금도 가장 많은 욕을 먹고 있습니다.

바로 우분 때문입니다.

사진처럼 축사에서 우분을 꺼내거나 축사 옆에 쌓아 놓았던 우분을 밭에 주었던 곳에는 식재 전에 생석회를 한 평당 한포 이상을 살포하여 토양을 중화시키고 체리를 식재하십시오.

포대로 나오는 우분이야 발효가 잘 되어서 우리가 일반적으로 재배 전에 뿌리는 석회로도 가능 하지만 우분을 꾸준히 주던 밭에서는 체리 재배가 엄청 힘듭니다.

지금까지 많이 봤습니다.

최근(2024년)에는 진천 농가가 거의 패원 수준까지 가있는걸 보고 매우 안타까웠습니다.

아산 예산 진천뿐만 아닙니다.

이 농가들의 특성이 소를 키우거나 주변에 우사가 있어서 체리 재배 전에 우분을 엄청 밭에 뿌린 농가들 입니다.

아니면 귀농 후 그런 농지를 구매하여 거기에다 식재한 경우도 있고요.

특징은 거의 비슷합니다.

매년 조기 낙엽이 됩니다.

5년 넘으면 화속이 타면서 탈락되기 시작합니다.

병충해가 심해집니다.

맨날 약을 해도 약이 안 듣습니다.

그래도 이상하리 만치 신초는 잘 자랍니다.

정 안 돼서 마이신 계열을 합니다.

7~8월에 마이신 계열의 농약은 작물 보호제가 아니고 독약이 될 수 있습니다.

그다음 해에는 포기하시는 분들을 많이 봤습니다.

만약 내토양에 우분을 많이 뿌렸다면 석회를 왕창 넣어서 중화를 시키세요.

이미 식재 했다면 석회고토나 패화석을 매년 주셔야 합니다.

그만큼 체리는 완전 발효된 퇴비나 유기물을 줘야 합니다.

그 정도의 유기물이 없으면 안주고 사막화를 시키세요.

충분히 체리는 수확하고 즐거움을 맛볼 수 있습니다.

첫해에 잘 자라지 않은 나무

이런 나무에는 첫해 낙엽이 지고 겨울이오면 퇴비나 유박을 주시는 게 좋습니다.

2년동안 나무가 잘 크지 않으면 그 나무는 다시 성장하려면 엄청 힘듭니다.

첫해에 물만 주었는데도 잘 자란 나무들은 그냥 겨울을 보내시면 됩니다.

식재 1년째
주의사항

제가 유튜브에서 체리는 아무것도 하지 마라고 했더니 정말로 아무것도 하지 않고 그냥 두어서 죽이신 분이 있다고 해서 드리는 말씀입니다.

　첫해에는 순나방이 와서 먹어도 큰 문제 안 되니 약은 하지마세요.

　대신 물은 줘야합니다

　풀은 잡아야 합니다.

　체리는 풀에 집니다.

　식재 50년이 넘어도 나무 밑에 풀이 있으면 잘 죽거나 열매가 안 열립니다.

　전 세계 어느 나라 체리 밭을 봐도 풀이 없습니다.

　체리는 무조건 풀에 집니다.

　풀을 못 잡으면 체리재배는 포기하셔야 합니다.

　무조건 두둑이라도 풀이 없어야 합니다.

　나무 밑에는 절대로 풀이 있으면 안 됩니다.

　병도 잘 옵니다.

　풀이 있으면 만 가지 병이 다 옵니다.

　풀이 있으년 무소건 낙엽병은 옵니다.

　무조건 옵니다.

　풀이 있으면 조기 낙엽 잘됩니다.

　잠깐 동안 크면 베어 내야지 해도 안 됩니다.

　일년 내내 풀이 있는 기간이 일주일이 넘으면 안 좋습니다.

체리나무 밑에는 풀의 길이가 10CM를 넘으면 무조건 병이 온다고 생각 하셔야 합니다.

체리나무 밑에 풀이 있으면 수지도 잘나옵니다.

수지병 있는 나무들 80% 이상이 풀이 자란 곳에 있습니다.

체리나무 밑에 풀이 있으면 이유없이 죽는 나무가 많습니다.

체리나무 밑에 풀이 있으면 꽃눈 털림이 잘 옵니다.

결과지도 잘 안 나와서 안쪽이 빈 나무가 많아집니다.

풀과 체리나무는 상극입니다.

체리나무에 이상이 있는 건 첫 번째가 무조건 풀입니다.

다음이 부직포입니다.

그만큼 풀을 없애는 게 중요합니다.

나는 친환경을 하니까 어쩔수 없이 제초제를 안 하고 베어야 합니다. 하시면 10cm 이상 키우지 마십시오.

부직포를 덮었다 걷었다 하십시오.

그만큼 노력해야 친환경입니다.

체리나무에 풀에 관한 내용이 좀 과하다 싶어도 어쩔 수 없습니다.

체리 재배에서 풀은 그만큼 위험합니다.

순나방 이외에 다른 나방류나 벌레등이 와서 잎을 가해하면 농약을 하셔야합니다.

저는 순나방 약은 2년째만 했습니다.

순나방 류는 7월 이후에 체리나무를 가해합니다.

식재하고 첫해에 5월부터 농약을 하시는 분들이 계시는데 위험성이 높습니다.

첫해에 저는 순나방 방제도 잘 안합니다.

정 불안하시면 7월초에 8월초에 두 번 정도만 하십시오.

7월까지 잘 자란 나무는 바람이나 태풍이 오면 부러지거나 찢어질 확률이 높습니다.

7월 중순이 넘어 가면서 순나방이 끝순을 가해하면 그 가지는 단단해지고 튼튼해지면서 바람이나 태풍에 절대 찢어지거나 부러지지 않습니다.

그래서 저는 첫해에는 풀이나 잡고 순나방 약은 안합니다.

단 위에 소개 시킨 흰불나방은 몇 잎만 보이면 무조건 살충제를 합니다.

카바메이트 계열을 하면 일주일에서 열흘 정도까지도 벌레들이 안 죽고 살아있는 것처럼 보이는 경우가 흔합니다.

대신 천천히 죽고 한 달이 넘어가도 다른 것들이 안오니 저는 열매도 없고 어린 나무들은 카바메이트 계열을 열매 수확 후 에나 열리지 않은 나무들은 사용합니다.

하지만 아직 국내에서는 카바메이드 계열의 농약은 체리에 등록되지 않았으니 참고하십시오. (참고로 미국이나 유럽에는 등록되어 있습니다)

카바메이트계의 농약(세빈, 만루포, 신기록D)

식재 2년째

겨울이 지나고 2년째가 되면 땅이 녹고 물 호스가 얼지 않을 정도 되면 물부터 주십시오.

이제는 석회고토나 패화석을 주서도 되는 시기입니다.

석회고토는 한 주당 두 삽 정도 주시면 좋습니다.

주의할 점은 저접 묘목으로 식재된 묘목은 나무 가까이 주면 나무가 잘 죽습니다.

저접이 아닌 묘목도 깊이 심어져서 대목이 아닌 품종에 직접 석회고토가 닿으면 잘 죽습니다.

대목에는 가까이 주서도 됩니다.

나중에도 마찬가지입니다.

저접이나 깊이 심어진 체리나무에 석회고토를 줄때는 멀리 조금만 주는 게 좋습니다. 패화석은 큰 문제 안되니 저접이나 깊이 심어져서 대목이 보이지 않은 나무는 패화석을 권해드립니다.

일반적인 나무에는 석회고토 두 삽 정도를 나무 가까이 주세요.

패화석은 한 주에 한 포씩을 주십시오.

석회고토는 2~3년에 한 번 패화석은 매년 주서도 됩니다.

석회고토는 5년이 넘어가면 한 주에 반포에서 한 포씩 주서도 큰 문세는 안 생깁니다.

2년째 되면 농약과 영양제를 주시는 게 좋습니다.

농약이라면 순나방 약제를 6월 이후부터 월 1~2회는 살포하시면 됩니다.

비가 자주오는 해에는 월 1회만 살포 하서도 나방류는 덜 옵니다.

영양제는 인산가리를 농약과 혼용해서 살포하세요.

저는 월 1회 살포를 기준으로 살충제(앞에서 소개해드린 것) 하나 인산가리 500배(20리터 물에 40g 500리터 물에 1kg)를 넣고 붕산과 칼슘을 천배(20리터 물에 20g 500리터 물에 500g)로 넣고 월 1회 정도 뿌려줍니다.

이때 바닥에 주는 건 없습니다.

2년째 되서 세력이 왕성하게 자라거나 끝 부분에서 갈라지는 닭발을 정리해 주는 게 좋습니다.

끝이 사진처럼 갈라진 거를 닭발이라고 합니다.

이중에서 한지만 두고 모두를 제거 하는 게 닭발정리라고 합니다.

반드시 해야 하는 과정이고 반드시 가지 끝에 나있는 가지만 해야지 중간가지는 하면 안 됩니다.

세력이 좋은 나무는 매년 그것도 세력이 너무 좋은 나무는 일 년에 두 번을 해야 하는 과정입니다.

닭발정리 요령

닭발정리는 언제 하는 게 좋은가요?

7월~8월 사이에 하시면 됩니다.

왜 하는겁니까?

닭발 정리를 하지 않으면 닭발 가지가 나온 아랫부분 가지에 자식현상(가지가 두꺼워
지면서 화속이나 잎눈을 먹어버리는 현상 그러기 전에 잎이 적갈색으로 변하는데 잎 하나
가 아니고 보통 한 뭉치로 있는 덩어리 잎이 동시에 색이 변하면서 거기에 있던 잎눈이나
화속이 체리나무 속으로 파고 들어감)이 심해져서 나중에 닭발가지 아랫부분에서는 체리
를 수확 할 수가 없게 됩니다.

7~8월엔 더운데 미리하면 안되나요?

6월에 아님 그전에 하셔도 됩니다.

그런데 일찍 하시면 9월경에 다시 하셔야 될 경우가 많습니다.

모든 품종에서 매년 해야 되나요?

아닙니다.

6월 수확 후 끝순이 멈춘 나무나 품종은 안하셔도 됩니다.

가장 흔한 게 5년 이내의 나무들이 많고 그 이후의 나무들은 거의 안 하셔도 무방합니다.

단 직립형의 품종이나 kgb 수형으로 키우시는 농가는 매년 해줘야 좋습니다.

결과지의 닭발도 정리해야 하나요?

결과지의 닭발도 한 번쯤은 해주면 좋습니다.

그 이후에는 하지 않고 6~10년까지 매년 수확 하시다가 갱신 하시면 됩니다.

체리의 자식현상

아래 눈이 다 털려서 잎도 없고 열매도 가지 끝에만 열리는데 다시 안쪽에 잎이나 열매를 달고 싶습니다!

이런 형태로 체리가 달리는 걸 방지해야 수확량이 많이 나옵니다.

다시 아래쪽으로 화속이나 결과지를 불러 들이는 전정 방법은 그 줄기를 처음부터 끝까지 외줄기로 두고 갈라진 가지나 몇개 나온 가지를 모두 잘라 내십시오.

가지 끝부분의 닭발 정리를 하면서 가장 작고 가장 가는 가지를 두고 나머지를 없애시면 됩니다.

아래 잎이 안 털리게 키우시려면 처음부터 외줄기로 키우고 절대로 절단 전정을 안 한다고 생각하셔야 합니다. (품종에 따라서 결과지를 살리면 좋습니다)

가지 중간에 나오는 결과지를 살리셔야 합니다.

절단전정(나무가 자라는 중간을 잘라버리는 전정법 두절 또는 목을 자른다고 두목전정이라고도 함)

화속을 다시 불러들이는 전정중 끝단 부분전정

(파란색으로 칠한곳을 잘라낸다.)

아래 그림은 닭발정리 그림입니다.

위그림과 차이점을 아셔야 차후에 전정하기가 쉽습니다.

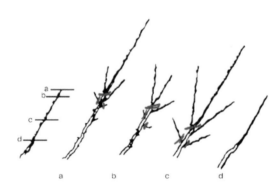

그림의 d처럼 남겨놓던지 본인이 원하는 방향의 가지를 남겨놓고 나머지는 잘라버리는 게 닭발정리입니다.

체리 전정에서 다른건 모르면 안해도 됩니다. 하지만 닭발 전정은 매년해야 합니다. 특히 식재 1~4년까지는 닭발 전정만 하셔도 됩니다.

체리의 자식현상의 이유는

 모든 나무의 공통점은 가지 끝에 나와 있는 가지의 두께를 더한 두께가 그 가지의 아랫 부분의 원줄기의 두께가 됩니다.

 즉 위에 가지가 많으면 많을수록 아래 부분은 외줄기인데도 윗부분의 작은 가지들의 두께를 합한 굵기가 아래 부분의 외줄기의 두께라는 공식입니다.

 봄이나 초여름에는 아래 줄기의 두께만큼만 자라던 끝 부분의 가지들이 8월이 되면 두꺼워 지기 시작하면서 아래 부분의 줄기도 두꺼워 집니다.

 윗 부분의 줄기가 아래 부분처럼 한 줄기로 되어 있으면 동시에 같이 두꺼워 지기 때문에 자식 현상은 거의 나오지 않습니다.

 끝 부분의 줄기가 여러 개인 경우는 이 여러 개의 줄기가 동시에 두꺼워지기 시작하면 아래 부분의 줄기는 감당할 수 없을 만큼 빨리 굵어져야 윗부분의 가지들을 먹여 살릴 수 있습니다.

 너무 빨리 굵어지다 보니 화속이나 잎눈이 완성 되지도 안 았을때 갑자기 두꺼워 지면서 화속이나 잎눈이 굵어진 가지 속으로 파고 들어가는 것처럼 보이면서 잎눈이나 화속이 죽어 버립니다.

 같이 달려있던 잎사귀도 그때 죽게되고 그게 눈에 갈색 잎으로 보이는 겁니다.

 이걸 자식 현상이라고 게으름뱅이 농장에서 붙였는데 정확한 표현이 없어서 자기 잠식 효과 또는 식물의 cannibalism(카니발리즘)에서 비슷한 단어로 탄생된 신조어라고 생각해 주십시오.

 이런 현상은 속성 수에만 나타는 특성으로 속성 수 가 아닌 작물에서는 잘 나타나지 않다보니 우리나라에서는 정확한 표현이 없어서 자식 현상이라고 붙이게 된 것입니다.

순집기는 무조건 해야 하나요

●●●●

몇 년 전까지만 해도 순집기는 당연히 하는 거였습니다.

체리를 식재하고 2년째 부터는 무조건 순집기를 해서 화속을 만들어야 한다고 체리 재배의 선배들이나 유튜브나 교육 중에도 가장 중요한 게 순집기와 수형이었습니다.

저 혼자만 결과지를 키워라. 순집기 하지 마라 했었죠.

결과적으로는 맞은 이야기이지만 과정으로 보면 제 말도 틀린 말이란 걸 알았습니다.

순집기는 해도 되고 안해도 됩니다.

단 품종에 따라서 해도 되고 안 해야 되는 품종이 있더군요.

봄에 순집는(어린 순을 자르는) 모습

왜 품종에 따라 순집기를 해야 하고 하지 말아야 하느냐?

순집기를 한다는 것은 주지나 부주지에 열매를 달겠다는 이야기입니다.

모든 결과지를 잘라 버리고 열매를 무조건 주지 또는 부주지(**주지란 처음 식재할 때 또는 일 년째 자라는 가지는 보통 주지가 되고 거기에서 다시 가지가 나온거를 부주지 라고 하며 여기에서 다시 나오는 가지를 결과지라고 보시면 됩니다.**)에 달기 위해서 주지나 부주지 에서 나오는 결과지를 봄(5월초)에 잘라서 화속을 만드는 방법 이라고 알려졌으며 당연히 이렇게 해야 화속이 생긴다고 알려졌었습니다.

물론 저도 했었습니다.

그렇게 모든 밭 에 있는 품종을 순집기 하고나니 정말 환상적으로 열립니다.

그래서 옳구나 이거 였구나 하고 계속 실행을 했었습니다.

수확 3년 째가 되니 이상하게 수확량이 줄어들었습니다.

품종에 따라서가 아니고 전체적으로 수확량이 줄어들었습니다.

뭔가 이상했습니다.

외국 자료에도 체리 나무의 습성이 식재 10년 까지는 수확량이 기하급수적 으로 늘어나고 10년 정도의 수량으로 40~50년을 본다고 되어있는데 왜 7년째부터 줄어들지?????

이때서야 외국의 일반 농가에 있는 체리 나무들이 눈에 들어왔습니다.

어 우리 밭에 있는 체리 나무랑 다르네???

그렇습니다. 외국에서는 순집기 라는 단어도 없고 순집기 자체를 모른다고 합니다. 중국 다롄 지역의 하우스 재배에서는 가끔 행하기도 하지만 봄에 순집기는 안하고 모든 농가들이 순 비틀기는 한다고 합니다.

비틀어 논 순은 수확 끝나고 여름 전정시에 잘라 버린다고 합니다.

그때부터 순집는 걸 포기하고 그냥 두어 봤습니다.

결과지... 결과지의 중요성을 이때부터 알게 되었습니다.

순집기를 한다는 것은 의무적으로 적과(열매솎기)를 해야 합니다.

순집기를 한다는 건 무조건 적과를 해야 제대로 된 열매를 수확할 수 있습니다.

순집기를 강조했던 농가들을 가보십시오,

제발 가서 한 번 보십시오.

매년 정말 많은 열매를 수확하고 있는지 많은양을 못 딴다면 왜 인지를 생각하셔야 합니다.

정말 고품질의 열매를 수확해서 1kg에 5만원 이상 받고 판매를 하는지를요.

5만원이 너무 많으면 4만원 이상이라도 받고 판매하는지라도 보세요.

순집기해서 지금까지 한 주당 평균적으로 5kg도 힘들었습니다.

물론 옐로우 계열은 더 많이 열립니다.

흑자색으로 2~3년 수확하고 나면 그담부터 점점 줄어든다는 겁니다.

지금도 순집기를 강조하시는 분들이 있습니다. 분명히 말씀 드리는데 품종에 따라서 해도 되는 품종하구 해서는 안되는 품종으로 나눈 다는 걸 명심하십시오.

이걸 모를때는 전부 무조건 순집기를 했었습니다.

그래서 체리재배가 어려워진 겁니다.

무조건 해서 실패한 농가가 너무 많다는 거죠.

부주지에 화속이 들어온 모습

순집는 거보다 결과지를 그냥 두니 다음해에 결과지에 화속이 들어옵니다.

이건 뭐지 왜 이걸 몰랐지 어떻게 결과지에 화속이 붙는 거지?

지금까지 저 결과지들은 전부 잘라서 버렸는데 왜 화속이 들어오지?

근데 이 결과지가 더 자라면서 계속 화속이 생겨나고 가는 가지다 보니 눈 털릴 걱정이 안 생기는 겁니다.

체리는 워낙 속성수다 보니 주지나 부주지 7~8년되면 엄청 두꺼워져 버립니다.

본인들이 생각했던 거보다 3~4배는 더 두꺼워진다고 생각하셔야 합니다.

그러다보니 금방 화속이 털려버리고 수확하는 가지는 점점 밖으로 밖으로 나갑니다.

결과지에 화속이 생겼습니다.

이게 그동안 우리나라 체리재배였습니다.

그러다 보니 10~15년 넘은 체리 나무는 보기가 힘들었습니다.

물론 연육종이나 일본종을 재배하는 농가는 몇 농가 있습니다.

흑자색을 그렇게 오랫동안 재배한 농가는 찾기가 힘들었습니다.

순집기를 강조했던 농가들 가 보십시오.

10년 넘게 수확을 제대로 하는 농가가 있는지를 보시면 답이 나옵니다.

저는 이렇게 이야기 합니다.

10년 넘게 체리를 수확하고 싶지 않으시면 순집기를 하십시오.

순집기하시면 10년넘게 가져가기 힘듭니다.

절단전정을 해도 마찬가지입니다.

이걸 명심하십시요

체리는 결과지에 화속이 붙어서 열매가 열리면 새로운 세상이 보입니다.

결과지에 열린 열매는 열과도 강합니다.

결과지에 화속은 눈 털림이 없어서 매년 수확이 가능합니다.

결과지는 돈입니다.

체리는 어디에 열리는가
(결과습성)

●●●

한 마디로 얘기하면 작년에 자란 가지에도 열리고 그전에 자란 가지에는 모두 열립니다.

체리는 한 번 화속이 생기면 10~20년 동안 그 화속에서 수확을 하는 작물입니다.

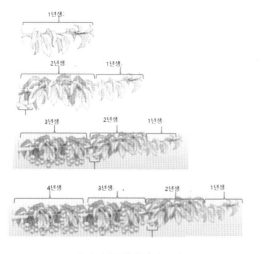

체리나무 결과지의 모습

다음 사진은 결과지에 달린 화속을 가지고 10년 넘게 수확하고 있는 농가의 결과지 화속 모습입니다.

10년 넘은 농가들 가 보시면 이런 형태의 화속에서 수확하는 게 95% 이상입니다.

이런 결과지는 갱신이 쉬워서 결과지 갱신을 통해서 새로운 결과지로 만들어 가면 됩니다.

부주지의 화속이 오른쪽 사진입니다

이화속 갱신이 어렵습니다.

잘못하여 부러뜨리거나 다른 원인으로 잃어버리면 그 부분은 끝나버립니다.

그동안 이런 화속이나 화속형 단과지를 만들기 위해 수많은 체리농가들이 도전했지만 10년이 넘어가면서 에이 차라리 결과지 화속이 더 좋더라 하고 결과지 화속으로 가는 농가들이 흔합니다.

그동안 순집기를 강조했던 농장들을 가보십시오.

이제는 결과지로 갑니다.

결과지 습성을 이제는 이해했다는 이야기입니다.

아니면 아예 베어내 버린 농가들이 많을 겁니다.

왜 그동안 우리나라 체리 재배 하시는 농가들은 죽어라고 고생은 하고 체리는 안 열렸을까요?

여러 요인들이 있지만 그중 하나인 이 순집기도 여기에 포함이 된다고 봅니다.

저는 이렇게 말합니다.

순집기를 하시려면 이런 품종을 식재하시고 매년 순집기 하십시오.

(안해도 상관없습니다)

브룩스, 라핀, 코랄, 블랙펄, 레이니어 첼란, 세콰이어, 타이톤, 스키나 등 직립이나 반 개장성으로 자라는 품종을 식재하시고 순집기를 하십시오.

내신 내목을 극왜성(기세라3급이나 더작은 대목)으로 고르십시오.

그 외 애보니 버건디 겔프로 겔벤 겔노트 등은 순집기 하시면 절대 안 됩니다.

체리에서
가장 위험한 전정법

매년 절단전정을 해온 체리나무

체리에서 가장 위험한 전정법입니다.

절단 전정 즉 나무가 자라고 있는데 가지를 더 받기 위해서 줄기의 중간을 자르는 전정법입니다.

이 전정법은 나무나 줄기가 잘 자라지 않고 양분의 올림이 적을 것 같은 곳에 잘 크고 양분을 잘 빨아 올리라고 하는 전정법입니다.

체리에서는 첫해와 2년째에나 가끔 사용하며 차후에 키우고자 하거나 화속은 많은데 신초 자람이 작게 자라는 부분에 타격을 가하여 언능 자라라고 아니면 양분을 끌어 당기라는 목적으로만 사용해야 합니다.

사진처럼 매년 절단전정을 하시면 체리는 못 땁니다.

열매 열릴 곳이 없습니다.

하지만 많은 분들이 한때는 이렇게 했습니다.

매년 절단 전정을 해서 가지를 30~40개를 만들어야 한다는 식으로요.

지나보면서 알게 되실 겁니다.

가지가 많은 만큼 잘라서 버려야 할 가지가 많다는 거를요.

잘라서 버리지 않으면 사진처럼 됩니다.

절단 전정을 하시면 열매는 못 땁니다.

절단 전정이 왜 위험한가

절단 전정이란 나무가 자라는 중간을 잘라버리는 전정을 말합니다.

이 전정은 나무가 열매를 맺지 말고 양분을 당겨서 여러 개의 신초를 만들어서 잘 자라게 하기 위해서 하는 진징법입니다.

비료기가 없는 토양이나 잘 자라지 않는 나무를 빨리 키우고자 하시면 사진처럼 자르시면 됩니다.

하지만 속성수의 나무에는 잘 적용하지 않고 천천히 크는 나무에 적용을 하면 좋다고 나와 있습니다.

속성수의 절단전정은 끝단 부분을 하는 끝단 전정 만으로도 충분하다고 알고 있습니다.

체리나무는 식재 1년째는 절단전정을 해도 차후에 영향을 덜 받습니다만 2~3년째에 절단 전정은 열매를 포기하고 나무만 키우는 역할을 하게 됩니다.

혹시 2~3년째 절단 전정을 했던 농가를 한 번 가보세요.

5~6년 됐는데도 열매는 못 따고 나무만 주구 장창 크고 있을 겁니다.

체리나무는 2~4년 까지가 가장 왕성하게 자라는 시기입니다.

이때 못 크게 잡지 못하면 6~7년까지도 자람세가 멈추지 않는 경우가 많습니다.

저도 그래서 정 안 좋은 토양이나 생땅은 첫해에 한 번 아니면 2년째 한 번만 주고 퇴비나 유박을 절대 못주게 하는 겁니다.

절단 전정은 반발을 일으키는 전정 법입니다.

체리 열매가 너무 많이 열려있고 신초 자람이 없는 곳에 절단 전정을 해서 반발을 일으켜 양분을 당기는 역할로 활용하시면 됩니다.

또는 아랫부분 가지나 왼쪽 한쪽 가지를 키우고 싶으시면 그쪽 가지만 절단 전정 하십시오. 그러면 절단 전정한 가지만 먼저 자랍니다.

이럴 때 써먹는 전정법이 절단 전정이지 무조건 가지 많이 받아야지 하는 전정법이 아니고 수형 교정하는 전정법이 아닙니다.

전정을 잘못하면 열매가 자꾸 밖으로 나가요

몇 년 전에만 해도 이런 체리 나무들이 전국적으로 널려있었습니다.

색재 후 2년째에 두절(절단전정)을 하고 계속 순집기를 하다 보니 6~7년이 되면 아랫 부분에서 작은 죽은 가지만 있고 열매가 열리는 가지는 하나도 없이 환하게 자라납니다.

열매 맺히는 곳은 가지 끝부분에만 늘 열립니다.

이런 형태의 전정을 매년 반복하니 자꾸 밖으로 밖으로만 나가다가 나중에는 결국 포기하게 되는 체리 농가들이 흔했습니다.

물론 결과지를 받아서 거기에 체리가 열린다는 걸 절대 이해하지 못한 농가들은 지금도 많습니다.

절단전정(두절)은 체리 재배에서 가급적이면 하지 않은 전정입니다.

하지만 체리가 자라지 않거나 그 가지만 키우고 싶으시면 절단 전정(두절)을 하십시오.

절단 전정은 반발을 일으키려고 하는 전정입니다

안크는 나무나 가지를 절단 전정을 하면 가지는 무섭게 자랍니다.

자른 가지만 자랍니다.

만약에 전체를 다 잘랐으면 나무 전체가 엄청나게 잘 자랍니다.

물론 여러 개의 가지를 발현 시켜서 가지 숫자도 엄청나게 늘어납니다.

그러다 보니 kgb 수형을 적용했던 농가들이 이 절단 전정을 매년 하곤 했습니다.

그런데 이렇게 절단 전정을 하면 계속 영양생장 위주로 자란다는 겁니다.

생식생장으로 전환 되면서 자라는 품종 한두 가지입니다.

즉 미국 자료를 보면 브룩스와 블랙펄이 생식생장으로 전환 되면서 자란다고 나와 있습니다.

하지만 그렇게 자른 나무는 수지병(Bacterial canker)에 특히 취약하다고 나옵니다.

주의하십시오.

전정의 명칭

  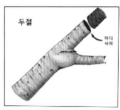

어디를 자르느냐에 따라 전정의 명칭은 다릅니다.

저는 체리를 재배 하면서 지금까지 늘 하는 전정은 축소 절단입니다.

세 번째 두절은 잘 자라지 않은 가지를 잘 자라게 만들려고 가끔 하는거고 늘 하는 전정
은 축소 절단이라고 하는 전정만 합니다.

아래 그림은 가지를 자르는 모양입니다.

가지 깃이 분명한 경우　　　　　　가지 깃이 불분명한 경우

a와b를 지피융기선이라고 한다.

절단 방법:

가지 깃의 바로 바깥을 절단하기 때문에 깃 절단(collar cut)이라고 부르기도
하는데,

- 가지 깃을 확인할 수 있는 경우(그림 왼쪽), 지피융기선의 바깥(A)과 가지

깃이 끝나는 지점(B)을 연결하는 선으로 절단한다.

- 그러나 대부분의 교목에서는 가지 깃이 분명하지 않은데(그림 오른쪽), 이 경우 지피융기선의 상단에서 가상의 수직선을 긋고, 이 수직선과 지피융기선이 만드는 각도만큼 바깥(가지) 쪽으로 절단한다.

· 주의 사항

- 지피융기선과 가지 깃 보호: 이들 조직 안쪽(C와 E 방향)을 제거하면 줄기 조직에 손상돼 제거된 부위가 아물지 못하고 부후균이 침입할 수 있다.

- 3단계 절단(three cut method) 활용: 제거되는 가지의 무게를 작업자가 통제할 수 없는 경우, 최종 절단 부위 위쪽 30~50cm에서 예비절단(F, G)을 해 무게를 줄인 다음 최종 제거절단을 한다.

- 가지 터기 남기지 않기: 가지 깃 위쪽에 남은 가지는 죽어서 부후가 진행되고, 줄기가 죽은 부위를 유합하는 것을 방해하기 때문에 줄기 깊숙이 부후를 유발하게 된다.

출처: 아파트관리신문(http://www.aptn.co.kr)

전정을 잘해서 완벽하게 마무리된 모습   전정의 잘못된 예

수형
(Cherry training systems)

우리나라 체리 재배에서 가장 어려운 난관이 되었던 게 체리 수형입니다.

어쩌면 아직도 체리 재배가 정착을 잘 못하고 있는 이유 일지도 모릅니다.

우리나라 체리 재배를 시작 하셨던 많은 분들이 최우선으로 선정 했던 게 체리 재배 중 수형을 생각하라 였습니다.

어쩌면 거기에서 체리 재배의 패착이 시작 됐는지도 모릅니다.

우리나라는 늦게 시작하는 나라이니 무조건 최신 수형을 도입해서 체리 재배를 시작해야 한다고 강조 아닌 강조를 했었죠.

물론 저도 거기에 동참 했었고 누구 하나 반대하지 않고 당연히 그렇게 가는 게 옳다고 생각 했었습니다.

그나마 제가 아직도 체리 재배를 하고 있고 면적을 늘리고 있는 이유는 재배 시작하고 7년이 넘어 가면서 이건 아닌 것 같다 하면서 돌아선 이유 일지도 모릅니다.

저는 그 이후로 외국에 가면 가장 먼저 체리 나무의 모습을 자꾸 담아왔습니다.

우리가 추구하는 신 수형을 보려고 가면 모두 개심형이나 자연스럽게 키우는 모습뿐 이였습니다.

신 수형 모델을 물어보면 모르겠다 이 한마디였습니다.

신 수형 모델을 보게 된거는 최초로 중국 연태의 체리 연구원이였습니다.

하지만 안 보는만 못했습니다.

이건 체리밭이라고 할 수 없을 정도로 망가진 모습이었습니다.

10년 전이였으니 지금은 많이 달라졌을 겁니다.

체리 연구를 목적으로 하는 연구소들은 거의 마찬가지였습니다.

우리나라 작물 연구소인 전주의 체리밭도 마찬가지였으니까요.

그분들이야 연구가 목적이지 재배가 목적이 아니기에 그런가 보다 하고 보고만 옵니다.

이렇듯 신수형은 세계 어디를 가도 극히 드물게 있습니다.

그나마 미국이 가장 먼저 신수형을 적용시키고 있는 나라입니다.

그들은 왜 신수형 보다는 기존 수형인 자연개심형을 선호할까요?

첫 번째는 기존 재배력을 쉽게 적용시킬 수가 있기 때문이라고들 합니다.

두 번째는 왜성대목(기세라5번 이하대목)이 많이 보급되어 있지않기 때문이라고 합니다.

세 번째는 실패한 농가의 이야기가 전부 신수형 탓이라는 말이 돌기 때문이라는 겁니다.

그런 이유인지 미국이나 호주에서는 2010년부터는 품종에 따른 신수형적응 시험을 시작해서 2018년부터는 품종에 따른 수형 발표를 하고 있습니다.

대목도 기세라 5번 이하 대목을 사용하라고 되어있습니다.

우리나라 체리재배 농가들이나 연구실에서는 이 부분을 간과했던 것 같습니다.

모든 품종의 kgb화 모든 대목의 kgb화 이러다 보니 체리 재배농가들이 힘들어 했으며 실패한 농가들이 여기저기서 체리는 안된다. 체리는 하지마라 등등 늘 부정적인 말들만 돌아다니게 되었던 거 같습니다.

Cherry variety attributes

ROYAL HAZEL
Harvest timing +/- Bing
-11 days
Recommended rootstocks
Gi.12, Gi.6
Recommended training systems
Steep leader, TSA

BLACK PEARL
Harvest timing +/- Bing
-8.5 days
Recommended rootstocks
K.5, K.6, M×M.14
Recommended training systems
KGB, Steep leader, TSA, UFO

SANTINA
Harvest timing +/- Bing
-7 days
Recommended rootstocks
Gi.12, Gi.6
Recommended training systems
Steep leader, TSA, UFO

SUITE NOTE
Harvest timing +/- Bing
-5 days
Recommended rootstocks
Gi.6, Gi.12, K.6
Recommended training systems
TSA, Steep leader

BURGUNDY PEARL
Harvest timing +/- Bing
-4 days
Recommended rootstocks
K.5, K.6, M×M.14
Recommended training systems
Steep leader, TSA, UFO

아래부분 빨간줄 위가 품종별 수형입니다

위의 사진을 보아도 아래부분 빨간줄 위에는 품종별로 맞는 수형이 있다고 표시하고 있습니다.

위 사진에 나와 있는 품종 중 kgb라는 수형에 맞는 수형은 블랙펄 한 품종 뿐입니다. 다른 품종에는 kgb라는 단어가 없습니다.

그런데 우리는 모든 품종이 다 되고 모든 대목이 다 되니 무조건 가지를 20~30개 받아야 한다고 해서 수형 교정을 해 주네 수형을 잡아 만들어 주는 컨설팅을 다니네 하면서 수많은 체리들을 날려버리지 않았나 생각해 봅니다.

출처: Lynn Long, Oregon State University. 그래픽은 Jared Johnson/Good Fruit Grower

원본을 보시면 더 선명하게 보실수 있을 겁니다. 품종의 가장 아래 부분에 있는 수형을 권장하는 글이고 중간에 k5 또는 gi12 또는 gi6이라고 적힌 게 대목을 이야기한 겁니다.

2018년에 발표된 린롱 교수님의 유망품종들의 사진입니다.

이랬는데 2022년도에 미국에서 이런 기사가 나옵니다.

Popular cherry system falling from favor

Growers in Columbia Gorge transition away from KGB for some varieties.

Ross Courtney, TJ Mullinax // October 19, 2022

내용을 보면 블랙펄 체리의 품종은 kgb시스템에서 7년이 지나니 잘 작동되지 않아서 다른 수형으로 변형되게 키운다는 농가들이 늘어난다는 이야기입니다.

Mike Manning, in April at his farm in The Dalles, is converting Suite Note, Skeena and Benton cherries from KGB training systems to central leader due to unsatisfactory renewal growth. However, he is leaving Bing and Chelan trees as KGB. "It's a real varietal problem." he said

해석: 4월, The Dalles에 있는 그의 농장에서 Mike Manning은 Suite Note, Skeena, Benton 체리를 KGB 훈련 시스템에서 중앙 리더로 전환하고 있습니다. 이는 갱신 생장이 만족스럽지 않기 때문입니다. 그러나 그는 Bing과 Chelan 나무를 KGB로 남겨두고 있습니다. 그는 "진짜 품종 문제입니다."라고 말했습니다.

출처: TJ Mullinax/Good Fruit Grower

이만큼 미국에서도 수형은 어렵습니다.

아무 품종이나 이수형을 한다고 되는 게 아니라는 걸 절실하게 느낍니다.

더군다나 우리나라는 가을 성장까지 합니다. 즉 3차 성장까지도 한다는 말입니다.

만약 미국에서 가능한 품종이 국내에서 가능한지는 더 두고 보서야 할 부분이라고 생각합니다.

그러니 어려운 수형에 도전하지 마시고 전세계 95%인 수형으로 일단 도전 하신 후에 당신의 체리재배 경력이 10년이 넘어가면 신수형에 도전해 보십시오.

일단 체리를 따야 할 것 아닙니까?

그래서 이번 수형 부분은 알려는 드리는데 이런 수형이 있구나 차후에 도전해 보시라는 뜻으로 올려드리니 차후에도 몇 나무만 먼저 도전해 보시고 되는 품종을 잘 골라서 해 보시려면 하십시오.

KYM GREEN BUSH(KGB) 수형

　이 수형은 호주의 킴그린씨가 라핀 이라는 품종에 적용시켜 크게 유행된 수형으로 대목은 기세라 5번을 사용해서 만든 모습을 보고 퍼트린 대표적인 수형으로 최초의 재배자의 이름을 붙여 킴 그린 부쉬(킴그린이 만든 관목형의 모습)즉 키가 낮은 수형이라고 명명하게 되었습니다.

The Kym Green Bush(KGB) is the only system covered in this manual that creates a fully pedestrian orchard—one that can be harvested without ladders or platforms. Tree formation is easy and requires minimal labor; mature pruning is simple and follows a repeatable plan. Although most varieties grow and produce well with a KGB system, it is not recommended for non-spur type varieties such as 'Regina' and 'Attika', which produce a significant proportion of fruit at the base of 1-year-old shoots. This wood is eliminated in the KGB system.

해석: KGB(Kym Green Bush)는 사다리나 플랫폼 없이 수확할 수 있는 완전한 보행자 과수원을 만드는 이 매뉴얼에서 다루는 유일한 시스템입니다. 나무 형성은 쉽고 최소한의 노동력만 필요합니다. 다 자란 가지치기는 간단하며 반복 가능한 계획을 따릅니다. 대부분의 품종이 KGB 시스템으로 잘 자라고 생산되지만, 1년생 싹 밑부분에서 상당한 비율의 열매를 생산하는 '레지나', '아티카' 등 비박차형(결과지에 열리는) 품종에는 권장되지 않습니다. 이 품종 KGB 시스템에서 제외됩니다.

레기나나 아티카처럼 결과지에 열매는다는 품종은 권장하지 않는다고 되어있습니다.

SPANISH BUSH(SB) 수형

A tree trained to the true Spanish Bush system will have 8-10 permanent upright leaders. Fruit is produced on weak laterals that are renewable.

해석: 진정한 스페인 부시 시스템으로 훈련된 나무는 8-10개의 영구적인 수직형 리더를 가질 것입니다. 과일은 재생 가능한 약한 측지에서 생산됩니다.

이 수형은 스페인의 계곡이나 계단식 밭에 적용되었던 방식으로 스페인에 식재되어있던 나폴레옹 품종의 특성을 잘살린 보행형의 수형으로 스페니쉬 보쉬(스페인의관목 수형)이라고 명명한 수형으로 결과지에서 열리는 품종은 이 수형에 잘 어울린다고 설명되어 있습니다.

A deliberate branch renewal plan produces a steady supply of young fruiting wood. Pruning steps that establish the framework of the tree are very similar to the establishment steps in the KGB system. The SB utilizes vigorous or semi-vigorous rootstocks, and the number of vertical leaders established should be proportional to tree vigor.

해석: 신중한 가지 갱신 계획을 통해 어린 열매 맺는 나무를 안정적으로 공급할 수 있습니다. 나무의 틀을 확립하는 가지치기 단계는 KGB 시스템의 확립 단계와 매우 유사합니다. SB는 왕성하거나 반강력한 대목을 활용하며, 확립된 수직 리더의 수는 나무의 활력에 비례해야 합니다.

스페인에서는 콜트나 일반대목을 사용하고 있으며 이 수형을 보고 벤치마킹을 해서 kgb 시스템을 만들었다 할 정도로 수형을 만드는 초기에는 똑같습니다.

하지만 kgb 시스템은 결과지가 잘 안나오는 품종을 sb시스템은 결과지가 잘나오는 품종을 선택한다는게 재배 과정에서는 다르다고 보시면 됩니다.

STEEP LEADER(SL)
수형

SUPER SLENDER AXE(SSA)
수형

TALL SPINDLE AXE(TSA)
수형

위의 3가지 수형은 국내에서는 거의 응용되지 않아서 길게 설명을 안드리고 이런 종류의 수형이 있다는 걸 알려드리고자 사진만 올려드립니다.

　몇몇 농가에서 ssa수형에 도전 했었으나 대목(기세라3)도 맞지 않은 마하렙으로 도전 했다가 실패했고 한농가는 기세라 5번으로 도전 했으나 7년째 수확을 못하고 있어서 저는 절대 권하지 않습니다.

　저는 대목이래도 기세라3가 있다면 tsa는 도전해 보고 싶은 마음도 있습니다.

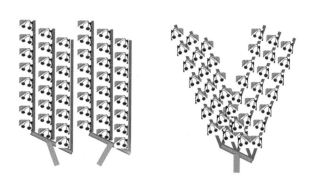

UPRIGHT FRUITING OFFSHOOTS(UFO) 수형

　ufo수형은 미국에서 린롱 교수팀에서 만든 수형입니다.

　이수형의 목적은 체리 수확을 기계화하기 위해서 만들었으며 적용되는 품종은 kgb 시스템과 마찬가지로 결과지가 잘 안 나오는 품종이 적합합니다.

　대목은 극왜성(기세라3번 이하의 대목) 대목에서 잘 적응되며 식재 7년이 넘어가면 가지 갱신을 해야 하는데 쉽지가 않아서 일반농가 보급율은 kgb 시스템 보급율의 절반에도 못 미친다고 알려져 있습니다.

　UFO(Upright Fruiting Offshoot)

　The Upright Fruiting Offshoots(UFO) system was developed to:

　1. Simplify training, pruning, and crop load management

　2. Utilize the sweet cherry's natural upright growth habit and manage vigor

by establishing multiple vertical structural fruiting units(number of vertical units should be proportional to tree vigor)

3. Optimize input efficiencies(e.g., light, labor, agrochemicals) and achieve high, uniform light distribution to fruiting sites

4. Facilitate the adoption of orchard mechanization and automation technologies

해석: UFO(Upright Fruiting Offshoots) 시스템은 다음을 위해 개발되었습니다.

1. 훈련, 가지치기, 작물 부하 관리 단순화

2. 스윗체리의 자연적인 직립성장 습성을 활용하고 관리합니다. 여러 개의 수직 구조적 결실 단위를 확립하여 활력을 얻습니다(수직 단위의 수는 나무 활력에 비례해야 함).

3. 입력 효율성(예: 빛, 노동, 농약)을 최적화하고 결실 장소에 높고 균일한 빛 분포를 달성합니다.

4. 과수원 기계화 및 자동화 기술 도입 촉진

VOGEL CENTRAL LEADER
(VCL) 주간형

이수형은 체리의 가장 기초가 되는 수형입니다.

체리 최초의 수형이라고 생각하시면 됩니다.

이수형에서 출발하여 가운데를 점점 낮추는 방식이 개심형 수형입니다.

The Vogel Central Leader(VCL) system requires little establishment pruning because it takes advantage of the inherent central leader nature of the young cherry tree. Minimal pruning, a modest growth rate due to dwarfing or semi-dwarfing rootstocks, minimal fertilization during establishment, and an intermediate planting density result in relatively
high early yields. Without additional manipulation, a vigorous rootstock will produce a very tall VCL tree.

해석: VCL(Vogel Central Leader) 시스템은 어린 벚나무의 고유한 중앙 리더 특성을 활용하기 때문에 설치 가지치기가 거의 필요하지 않습니다. 최소한의 가지치기, 왜성 또는 반왜성 대목으로 인한 적당한 성장률, 정착 중 최소한의 비료, 중간 정도의 재식 밀도로 인해 초기 수확량이 상대적으로 높습니다. 추가 조작 없이 활발한 대목은 매우 큰 VCL 트리를 생성합니다.

Open vase system
(개심형 수형)

이 수형은 신수형은 아닙니다.

주간형으로 키우던 나무가 너무 높아지면 가운데를 잘라서 더이상 자라지 못하게 하는 방식으로 주간형에서 변칙 주간형으로 다시 개심형으로 변화된 수형입니다.

개심형 수형을 처음부터 만든 걸 자연 개심형이라고 합니다.

전세계 체리재배 농가들이 가장 흔하게 재배하는 수형으로 결과지가 잘나오는 품종이나 열매가 결과지에서 열리는 품종에 많이 이용하며 유럽에서 초창기부터 재배해온 수형입니다.

Tatura system(체리에서 이렇게 명명)

Espalier system(다른 과수에서는 이렇게 명명)

팔매트 수형(국내에서 이렇게 명명)

원래 이 수형은 복숭아나 자두 사과에는 흔하게 사용하는 수형으로 고대부터 존재했던 수형으로 국내에서는 공주에서 체리왕자라는 닉네임을 가진 분이 체리에 최초로 적용시킨 수형입니다.

그 이후 함양에서 도입하며 한때 유행했던 수형으로 지금은 완주외의 몇곳에서 수형을 유지하고 있습니다.

국내 최초 재배농가는 의성의 자두 농가였으나 자두나 복숭아는 현재 적용시키지 않은 수형이고 체리 최초의 농가도 레이니어로 식재를 했으나 8년째부터 수확이 저조하여 지금은 브룩스로 교체하여 수형을 변경한 걸로 전해집니다.

초기에는 화속상 단과지로 출발하나 7년이 넘어가면서 중과지로 변형하고 10년이 넘어가면서 결과지 유지로 변경해야하는 수형이 유지된다고 알려져 있습니다.

A freshly pruned block of Tatura-trained Early Robin cherries await a December winter storm at Hayden Farms north of Pasco, Washington. Tatura, training fruiting branches horizontally from the trunk, is an upcoming system for new orchard plantings in Washington.

해석: 워싱턴주 파스코 북쪽의 Hayden Farms에서 Tatura로 훈련된 Early Robin 체리의 갓 가지치기 블록이 12월 겨울 폭풍을 기다리고 있습니다. Tatura는 줄기에서 수평으로 열매를 맺는 가지를 훈련하는 시스템으로, 워싱턴주에서 새로운 과수원을 심기 위한 다가올 시스템입니다.

출처: Ross Courtney/Good Fruit Grower

헝가리의 화분재배

요즘 화분 재배를 하신다는 분들이 좀 늘어나는 것 같아서 수형의 마지막 부분에 올려드립니다.

특별히 수형이라기 보다는 하우스 형태에 맞춰서 재배하는 스타일로 양분관리가 매우 어렵고 극 왜성의 대목을 사용해야 하는 단점이 있지만 기후변화에 적응하기 위해서 재배하는 방법이라고 합니다.

앞에 나오는 수형부분은 L. Long, G. Lang, S. Musacchi, M. Whiting 의 CHERRY training systems의 논문을 참조했으며 협조에 감사드립니다.

체리재배 3년째

체리재배 3년째가 되면 꽃이 일시적으로 많이 피는 나무들이 있습니다.

하지만 이 꽃 들은 전부 열매가 되지 않고 5%미만만 열매를 맺히고 전부 어린 열매 상태로 낙과 되어버립니다.

혹자는 그럽니다.

체리나무 3년째면 사람으로 따지면 9~10살이라고 합니다.

4년째면 12~13살 5년째 되어야 16살이 넘어간다고요.

그래서 체리 재배는 6년째는 되어야 성인이 되어서 열매가 정상적으로 열리기 시작 한다고 합니다.

우리나라 에서는 급한 성격 탓인지 3~4년째에 열리지 않으면 큰일나는 줄 알고 왜 전부 낙과되어 버리지 왜 이러지 하면서 많은 분들이 문의를 해옵니다.

식재 후 특별히 나무에 준거도 없고 나무 자르지 않았으면 3년째부터 조금은 열리기 시작하니 기다리세요.

너무 서두르지 마세요

3년째 부터 봄 관리에 들어가야 합니다.

식재 3년째 봄

사진은 사과 과원에 미세살포 실험하고 있는 중

봄에 호스가 녹으면 체리 과원에는 물을 줘야합니다.

3일에 한 번 한 시간 정도는 무조건 주라고 권합니다.

꽃이 피었다가 지고도 열흘을 넘게 물을 주는게 좋습니다.

이유는 4~5년째를 대비하기 위해서입니다.

3년째는 3일에 한 번 한 시간이지만 4년째부터는 이틀에 한 번 한 시간 정도는 줘야 합니다.

특히 열매를 맺는 나무는 봄에 물이 엄청 필요로 합니다.

물이 없으면 열매가 맺지 않습니다.

봄에 물이 없으면 열매는 무조건 낙과됩니다.

그래서 3년째 부터 물주는 연습을 하십시오.

비가와도 주어야합니다.

물의 중요성은 4년째에 가서 더 깊이 알아보도록 하겠습니다.

체리는 뭘로 키우느냐

3년째 체리 재배를 하면 이제 부터는 4년째를 대비해서 양분 관리를 해줘야 합니다.

3년째에는 봄철에 물 관리만 신경 쓰시고 목면시비는 내년부터 하십시오.

양분주지 말라고 해 놓고 뭔 양분을 주라는 거여? ㅎㅎㅎㅎㅎ

저도 이런 말을 많이 듣습니다.

하지만 체리에 이 양분은 주셔야 합니다.

석회는 제가 하도 주라고 하니까 석회는 양분이 아닌 걸로 아시면 안 됩니다.

석회가 칼슘입니다.

석회는 식재 첫해 겨울에는 두삽, 2년째 겨울에는 두배 정도 주시면 좋습니다.

3년째에는 다른 양분을 주셔야 합니다. 인산가리를 주셔야 합니다.

인산가리 수용성을 한 주당 한 주먹을 바닥에 주던지 (5월에 주시면 좋습니다. 남부 5월 중순 중부 5월말) 그렇지 않으면 농약 하실때 500배로 희석해서 주십시오. 농약 하실때 마다 3년생은 주셔도 됩니다.

왜 인산가리를 주는가 많이 물어옵니다.

인산가리는 도장지 자람을 억제하고 꽃눈 형성에 좋으니 무조건 주십시오.

인산이 하는 역할

인산은 식물체의 영양생장에 있어서 세포핵의 성분으로서 분열작용에 가장 중요한 역할을 한다.

식물체내에서는 비교적 종실 중에 많으며 종실의 성열을 촉진한다.

뿌리의 신장을 촉진하고 지하부의 발달을 크게 한다. 따라서 뿌리의 양분흡수면적을 크게하여 내한성 내건성을 크게 한다.

또한 식물체를 강경하게 하고 병해에 대한 저항력을 높인다.

이 작용은 질소의 과잉시비 시 인산을 다량으로 시비함으로써 현저히 나타나며 또한 세포의 건전한 발달을 촉진하는 결과 병해에 대한 저항력이 커진다.

전분의 생성 이전 및 유용미생물의 활동을 촉진한다.

인산의 결핍증상은 늙은 잎에 나타나며 잎의 색은 암록색이 되거나 혹은 청동색 고동색을 띄운다. 또한 ANTHOCYAN색소가 형성되어 자색 적자색을 나타내기도 한다.

땅속에서 뿌리의 발달이 나쁘고 세장하며 신초는 신장이 불량하며 빨리 동아를 형성한다.

특히 열매와 종사의 형성이 감소한다.

인산이 결핍하였을 때 수종에 따라 그 증상이 다르며 낙엽송 소나무의 증상을 보면 발육초기에 하엽의 끝부터 암자색을 띄우는데 후에 적갈색이 되고 8-9월경에 갈색을 띄우게 된다.

인산을 과다 사용하면 오히려 철 붕소의 결핍을 초래하는 일이 있으므로 주의가 필요하다.

출처: 농사로

위 내용에 잘 나와 있습니다.

하지만 읽어 보면 이게 뭔 소리여.

저도 처음에는 그랬습니다.

제가 붉은색으로 굵게 만들어 놓은 부분만 이래도 이해를 하시고 넘어 가야 합니다.

체리에서 가장 필요한 부분이고 과수에서는 이해를 하고 넘어가야 인산의 중요성을 이해하게 될 겁니다.

일단 체리에서 인산의 역할을 풀어서 써 보겠습니다.

인산은 잔뿌리 발달을 좋게 합니다.

인산이 없으면 잔 뿌리보다 굵은 뿌리가 많아집니다. 그러면 열매가 적게 열립니다.

즉 잔뿌리 발달이 좋다는 거는 열매를 빨리 열리거나 잘 열리게 할 확률이 많이 높아집니다.

체리 대목 중 콜트 대목의 뿌리와 크림슨 대목의 뿌리를 보시면 콜트는 잔뿌리가 덜하지만 크림슨은 잔뿌리가 엄청 많습니다.

1년 키우다 옮겨 심게 되면 크림슨은 잔뿌리로 인해서 흙이 방석처럼 붙어있지만 콜트는 굵은 뿌리만 쑥 올라옵니다.

그래서 크림슨이 콜트보다 1~2년정도 빨리 열매가 맺는다는 걸 알 수 있습니다.

국내에서도 야라에서 폴리인산을 광고 할때 뿌리를 보여줍니다.

잔뿌리가 잘 형성 된다는 것은 그만큼 열매를 많이 가져 갈수 있다는 증거입니다.

그래서 인산을 줄때는 나무 가까이 줘서 새로운 잔뿌리가 나더라도 나무 가까이에서 나게 하는 게 좋기 때문에 무조건 가까이 주는 게 좋습니다.

옛날에 감나무가 늙어서 열매가 맺지 않으면 우리 아버지는 굵은 가지 몇개를 베어내고 장에 가셔서 죽은 닭이나 돼지 또는 마을에서 송아지가 죽어나오면 그걸 가져와서 감나무

1m정도에 땅을 파고 묻어줬습니다.

그러면 감이 잘 열리곤 했던 기억이 납니다.

그게 인산 이였구나 인불 인산 그 인이 지금 말하는 인산을 이야기하는 겁니다.

인산은 특히 열매를 많이 맺히는 나무에는 엄청 많이 필요한 성분입니다.

인산은 열매 비료 또는 꽃비료라고들 합니다.

고구마의 품질은 인산이 결정합니다.

모든 과수 작물의 열매 품질은 인산이 결정합니다.

당도를 올리는데 결정적 역할을 합니다.

나무가 겨울에 저장 해야 할 저장 양분을 만드는데 결정적 역할을 합니다.

체리에서 인산은 꽃과 열매의 당도입니다.

인산이 부족하면 꽃이 적게 피고 화속이 없어지는 경우가 흔합니다.

체리에서 인산은 차후에 과경이될 꽃대(꽃의꼭지에 달린 과경)의 부분에서 효소화가 되어 작동합니다.

아래 사진의 꽃을 달고 있는 부분에 인산효소가 작용하지 않으면 꽃을 피우거나 열매를 가지고 가는 힘이 약해집니다.

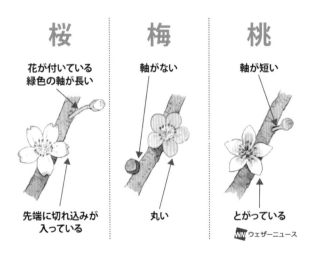

벚나무류와 매화 그리고 복숭아 꽃의 차이점을 그려논 일본트윗

옛날부터 인산비료는 꽃을 피우는데 가장 중요하다고 인식이 되어있었으며 꽃의 숫자가 많고 열매가 작으면서 숫자가 많은 나무에는 인산비료를 많이 사용하였습니다. 고대시대에는 질소 비료라는 비료가 없었고 중요한 곳에는 구아노 질소라고 즉 갈매기 똥이나 박쥐 똥을 사용해서 꽃이 많이 피게 만들었습니다

구아노란?

구아노(스페인어:guano, 케추아어의 'wanu'에서 유래)는 강우량이 적은 건조지대에서 새들의 배설물이 퇴적, 응고되어 화석화된 것을 말한다. 산호초 섬이나 무인도의 바위에 바닷새들의 군집생활함으로 인해 쌓인 분변의 퇴적물인데, 질소와 인 등 무기질이 함량이 높아 비료로 많이 쓰인다.

[1] 중요한 구아노 산지는 남미(칠레, 페루, 에콰도르)나 오세아니아(나우루 등)이다. 구아노의 어원은 에콰도르의 섬 이름에서 유래되었다고 한다.

동굴에 살고 있는 박쥐의 대변, 체모, 동굴 내의 생물의 사체가 퇴적하면서 화석화한 것을 배트 구아노라고 부른다. 소나 돼지 등 가축의 분료로 만들어지는 천연퇴비에 비해 질소와 인 등의 함량이 월등히 높아 농작물 성장을 촉진하는 비료로 애용되었었다. 20세기 들어 화학비료 생산이 대중화되면서 경제성이 사라졌으나, 최근에는 관상식물이나 채소밭용 고급 비료로 판매되고 있다. 질소질 구아노와 인산질 구아노로 크게 구분된다.

[2] 질소질 구아노는 강우량이 적은 건조지대에서 새들의 배설물이 거의 미분해된 상태로 퇴적된 것이며 질소 12% 이상, 인산 8% 이상 함유한다. 인산질 구아노는 비가 많이 내리고 온도가 높은 지대에서 산출되며 대부분의 질소는 용탈되고 인산의 함량은 10~30% 정도로 높다.

출처: 위키백과

현재 국내에서도 구아노 질소 또는 구아노 인산이라는 제품이 판매되고 있습니다.

어떤 제품을 구매 하시던 알아 보시고 필요한 부분을 구입해서 사용하십시오.

그 다음으로 인산질 비료 또는 퇴비는 계분(닭똥)입니다.

계분 퇴비와 함께 알아 주는 건 매추리 똥이고요

오리의 분변도 인산 퇴비로 들어 간다고 보시는 게 맞을 겁니다.

원래 인산질 비료는 과석이나 중과석 이지만 일반 농업인들은 잘 접할 수 없는 비료이고 가장 흔한 게 용성인비입니다.

그리고 인산질 비료가 가격이 좀 비쌉니다.

사실 저는 인산질 비료로 용성인비를 권해 드리는데 이게 구용성이다 보니 불용화될 가능성이 있다고들 합니다.

사실 우리나라 토양에는 인산이 많습니다.

토양 검사를 해보면 인산 함량이 높게 나오는 토양이 의외로 많습니다.

인산 함량이 많으면 생식생장으로 전환이 빨라서 나무가 잘 자라지 않아야 정상이지만 인산 함량이 높은 토양 에서도 영양생장만 하는 경우가 흔합니다.

이런 토양이 불용화된 인산이 많은 토양입니다.

특히 하우스에서는 더 심합니다.

불용화된 인산은 주변의 물을 오염시킵니다.

녹조가 심한 물은 주변에 불용화된 인산이 물에 씻겨 내려와서 생기는 현상이라고 보시면 됩니다.

일단 인산비료부터 보겠습니다.

- 구용성(용성인비에 함유된 성분)인산이란:

토양 또는 인산질비료 중 구연산에 의하여 용해되어 침출되는 인산. 비료 중의 수용성은 속효성이지만 구용성 인산은 완효성이다.

- 수용성(용과린비료는 30%가 수용성임)인산이란:

물에 녹고 작물에도 이용되기 쉬운 인산형태. 토양조건이 불량한 경우(예: 산성토양) 시비하면 불용화하여 작물에 이용되기 어렵게 됨. 구용성 인산과 대응됨.

- 인산비료란:

인산을 주성분으로 하는 비료. 과석, 중과석, 용성인비 등.

- 인산암모늄이란:

18% 이상의 질소와 20% 이상의 인을 함유하고 있으며, 인의 이 용성은 인산 제2칼슘과 동일함. 질소 인산 복합비료의 일종, 이인산(DAP)과 일인산(MAP)의 2종이 있음.

- 인산칼륨이란(흔히말하는 인산가리비료):

인산과 칼륨의 염. 인산과 수산화 칼륨수용액을 반응시켜 얻은 인산염으로 무수염의 녹는점은 1,340℃ 임. 물에 잘 녹고 수용액은 강한 알칼리성으로 알코올에는 녹지 않음.

흔히 그러면 용과린 비료를 주면 되겠네요. 하시는 분들이 많습니다.

하지만 우리나라 토양에는 수용성이 30% 들어있어서 일반 농업인들이 수용성으로 알고 있는 용과린 비료는 산성토양에는 맞지 않으니 잘 판단해서 사용하십시오.

그러면 왜 용성인비에는 완효성인 구용성 인산이 들어있을까요?

중국의 인산 비료 설명서를 한 번 보겠습니다.

인은 토양 속의 철, 아연, 칼슘 등에 의해 고정되어 효과를 잃게 되어 이용률이 겨우 10~25%에 이른다. 특히 각종 점질토양에 인산 비료를 뿌리면 비료효과를 충분히 발휘하지 못한다. 구멍을 파고 시용하거나 줄거름주기, 종자분의(seed dressing) 등 집중적인 시용방법을 사용한다. 또 인산 비료를 근계(根系)가 밀집된 토층 가운데 시용하면 인산 비료와 토양의 접촉면이 축소되어 토양의 인 고정을 감소시켜 이용률을 높일 수 있다.

알칼리성 비료와 혼합 사용하지 않는다. 초목회(草木灰), 석회는 모두 강한 알칼리성 물질로 만약 혼합 사용하면 인산 비료의 효과가 현저히 떨어진다. 보통 서로 7~10일씩 사이를 두고 사용한다.

석회와 혼용되어있는 용성인비는 완효성입니다.

밭에 뿌리면 바로 녹기 시작 하는게 아니고 20일 후 부터나 천천히 녹기 시작하는거죠.

원인은 위에 설명에 나와 있습니다.

그러면 꽃을 피우는데 가장 중요한 비료인 인산이 불용화 되어있는 농장은 어찌 해야하는가???

- 불용화된 인산을 가용화시키는 균주:

난용성 염 형태로 변환된 다량의 인산염이 장기간 축적되면 작물의 생장 및 생육을 저해하는 염류장해를 일으키게 된다. 이렇게 염류장해가 발생된 토양을 처리하는 방법으로는, 오랜 기간 담수하거나 재배지 토양의 상층부를 객토를 하는 방법이 알려져 있고, 최근에는 인산 가용화 미생물을 토양에 접종하여 토양내 난용성 인산염의 가용화를 촉진시켜 염류장해를 해결하고 작물 생육을 촉진하는 연구도 진행되고 있다(Chabot et al., Appl. Environ. Micorobiol., 1996, 62:2767-2772; Kloepper et al., ISI Atlas Sci. Anim. Plant Sci., 1988, pp. 60-64). 이러한 목적으로 사용될 수 있는 인산 가용화능이 우수한 미생물로는 판토에아 에그로머란스, 엔테로박터 에어로제네스, 크렙시엘라속, 페니실리움 옥살리쿰, 버크홀데리아 세파시아(Burkholderia cepacia) 등 많은 미생물이 알려져있다.

출처: 대한민국 특허청

- 일반적인 비료로 가용화를 시키는 방법:

인산가용화 균의 비율이 증가할 수록 토양의 유효인산 함량이 높아지는 경향을 보였다. 논 토양 호기성세균에 대한 인산가용화 세균의 비율은 석회, 규산 및퇴비를 함께 시용한 처리구에서 크게 증가하였다. 논토양에서 분리된 인산가용화 세균은 Aquaspirillum, Arthrobacter, Bacillus, Flavobacterium, Micrococcus, Micromonospora, Pseudomonas 속 등이었으나 가장 많이 분리된 균은 Bacillus 속이 그 다음으로는 Pseudomonas 속이 우점하였다.

출처: 한국토양 학회지

- 규산질 비료 시용시:

규산은 인산의 역할을 일부 대신하여 뿌리의 발근, 세포조직분화, 화아분화, 등을 촉진시켜주고 일기 변화의 악조건(저온, 고온)에서 체온 조절 능력을 갖게 한다.

1) 규산 시용 포장은 침수 시 혹은 다습 시에도 뿌리를 보호하는 기능을 갖게 하여 피해를 크게 경감 시켜줄 뿐만 아니라 각종 농약해, 비료장해, 가스 피해 등을 경감시켜준다.

2)질소의 과잉흡수를 억제하고 절간을 줄여주는 기능도 있지만 규산은 세포 안에서 RNA, DNA에 관여하며 병균 등이 침입하면 자기방어 물질을 분비하여 알레로파틱 물질인 페노릭화합물, 파토톡신 등을 생성 병원군의 침입을 저지한다.

3) 노화 억제물질을 분비하여 식물을 건강하게 자라도록 해주는 데 특히 참외에서는 7-10일 간격으로 엽면 시비하고, 15일 간격으로 관주하면 흰가루병을 경감시킨다.

4) 규산은 인산의 흡수를 촉진하고 토양중의 불용화된 인산비료 등을 가용화시켜 식물이 흡수토록 해주며 토양 양이온의 증가와 질소, 인산, 가리, 칼슘, 고토, 붕소 등의 흡수를 촉진시킨다.

5) 수확 후 저장 능력이 탁월하여 신선도가 오래 유지될 뿐만 아니라 육질이 단단하고 색이 좋아 고품질 농산물 생산에 필수적이며 친환경 농업에 꼭 필요한 자연에서 얻어지는 친환경 비료이다. 액상규산의 경우 희석농도만 정확히 지키면 매일 살포해도 과잉증상이 없는 유일한 비료이다.

출처: 과수원 관리상 꼭 알아야 할 비료,과수원 시비관리 | 작성자허태

저는 이런 이유로 규산질 비료 또는 규산을 권장합니다.

저도 물론 사용합니다.

규산은 일 년에 3번 정도 엽면 살포로 이용하고 있습니다.

규산질 비료 시비시 주의할 점

●●●

나무가 너무 잘 자라거나 모르고 퇴비나 유박을 줘서 정말 나무만 잘 자라는 나무는 규산질 비료를 4주당 한포 정도만 주십시오.

2주당 한포를 주면 나무는 일절 자라지 않고 화속만 엄청 붙게 됩니다.

어린 나무에 화속이 너무 많이 붙으면 즉 열매를 많이달게 되면 다음해에 나무가 잘 죽습니다.

만약 2주당 한포를 준 경우는 나무는 일절 자라지 않는다는 점을 명심하십시요.

보통으로 자라는 나무는 두삽 정도면 충분합니다

일단 체리는 3년째 되면 인산가리를 3~4회정도 엽면 살포하십시오.

500배로 희석해서 농약과 같이 혼용살포 하셔도 됩니다.

이 작업은 매년 한다고 생각하셔야 합니다.

열매가 열리는 4년생 이상 일때는 열매 열린 상태에서는 황산 가리를 엽면 살포합니다.

그 외는 무조건 인산가리를 살포합니다.

그래서 3년 이상된 체리나무는 뭘로 키우느냐 물어보면 저는 인산 가리로 키운다고 이야기를 합니다.

체리는 인산 가리로 키웁니다.

인산 가리로 키우십시오. 그래야 나무가 덜 자랍니다.

그래야 내년에 체리가 잘 열립니다.

AtSUC2 단백질 분해와 인산화가 설탕을 운송하는 데 중요한 역할을 하는 것이 밝혀졌다

(Xu et al. 2020).

AtSUC2은 wall-associated kinase like 8 (WAKL8)에 의해 인산화되는데, AtSUC2의 인산화는 설탕의 이동 능력을 증가시킨다(Xu et al. 2020). 그런데 AtSUC2 단백질의 유비퀴틴화 또는 인산화에 설탕이 관여하는지 여부는 분안진 홍- 138 -석되지 않았다. 단백질 탈인산화효소(phosphatase) 억제제인 오카다산(okadaicacid)을 처리하면 원형질막을 통한 설탕 흡수가 감소하는 것으로 보아 설탕 운반체의 인산화가 설탕 운반에 관여하는 것으로 보인다

(Robin et al. 1998).

인산 가리(칼륨) 중 가리는 무슨 역할을 하는가?

흔히 칼륨비료를 트럭에 비유를 합니다.

모든 양분을 싣고 잎 줄기 뿌리 등으로 이동시켜주는 역할을 하는게 가리입니다.

체리에서 가리는 매우 중요합니다.

체리처럼 꽃이 많은 피는 소과들은 특히 가리가 중요합니다.

가리(칼륨)비료란?

● ● ●

칼륨은 뿌리에서 질소를 속히 단백질로 합성한다. 식물체내에 다량으로 함유되는 성분으로서 종실보다 경엽에 많다. 동화작용을 촉진시키는 작용을 한다. 질소화합물의 합성 및 세포분열을 촉진한다. 뿌리의 발달을 조장한다. 식물체중에서 수용성으로 존재하므로 용액의 농도를 높이고 빙점강하에 효과가 있으며 따라서 내한성을 높인다. 개화 결실을 촉진하며 병충해에 대한 저항력을 증대한다.

칼륨이 결핍하면 초기에 잎의 색이 암록색 또는 농녹색이 되며 질소를 과용하는 것 같은 색을 띠우는데 그 이상 자라지 않고 어딘가 약해 보인다.

칼륨과 칼슘이 동시에 결핍하면 생장이 나빠지는 경향이 있다.

체리에서 가리 비료를 보면 봄에는 물과 양분을 이동 시켜서 꽃과 열매에 나누어 주지만 여름에는 잎에서 기공개 페를 담당해서 과습이나 질식사를 예방하는데 최고의 비료입니다.

과습 되었거나 가뭄이 되었을때 기공 개폐를 담당하는 세포는 가리입니다.

작년에 집필해서 발표한 책자에서도 이야기한 내용을 다시 한 번 설명해 드리겠습니다.

다음의 도표는 7월의 기공개폐수를 측정한 도표입니다.

잎의 기공 밀도와 증산 속도

| 과 종 | 기공(mm^2당) | | 증산속도 |
	윗면	아래면	(mmol H_2O/mm^2/sec)
Apple 사과	0	294	4.07
Black cherry 체리	0	306	3.66
Sour cherry	0	249	4.87
Peach	0	225	4.85
Grape 포도	0	125	6.28
Black walnut	0	461	4.89

체리의 기공숫자는 사과나 포도 배 종류에 비해서 월등히 많습니다.

기공숫자는 많은데 왜 증산 속도는 낮을까요?

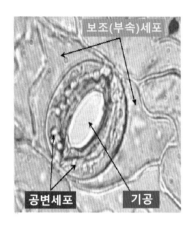

원인은 체리나무의 원산지 기후 탓이라고 이야기들합니다.

원산지의 기후는 여름에 가뭄이 많이 되는 지역입니다

원산지는 튀르키예로서 가을과 겨울 봄에는 비가 많지만 우리나라 장마기간에는 그쪽에는 비가 없다는 겁니다.

거기에 적응되어온 나무들이다 보니 여름에는 기공을 닫아서 수분 증발을 막고 있다는 이론이 지배적입니다.

그럼 그대로 두는 게 맞느냐?

저는 기공을 강제로라도 개패시키기 위해서 가리(칼륨)을 주라고 합니다.

체리재배에서 가장 주의해야 할 시비

● ● ●

**체리가 열매를 달고 있을 시기(5~6월)에는
절대 어린 나무에도 황산 마그네슘을 하지마세요.**

만약 어쩔 수 없이 엽면살포를 하게되면 황산이 없는 마그네슘 단독으로 하시되 연하게 혼용해서 사용하시고 열매를 수확 후에는 황산 고토(마그네슘)를 하셔도 무방합니다.

이것은 시기를 말하는 거니 우리나무는 아직 열매를 맺지 않으니까 이상 없을거야 하시면 안 됩니다.

그 시기에 황산 마그네슘을 살포해서 약해온 농가들을 많이 봤습니다.

사실 체리는 마그네슘이 그렇게 많이 필요로 하는 작물은 아닙니다.

우리나라 모든 과수의 재배법은 사과 재배법을 기준으로 하다보니 무조건 줘야하는 걸로 알려져 있습니다.

묘목을 키우시는 분들은 아실 겁니다.

사과 묘목에는 식재 후 얼마 되지 않은 시간에도 황산 마그네슘을 몇 번을 관주해 줘야 합니다.

그렇지 않으면 사과 묘목은 잎이 노랗게 되고 잘 자라지도 않습니다.

하지만 체리 묘목은 황산 마그네슘을 관주해 주지 않아도 아무 이상없이 잘 자랍니다. 황산 마그네슘을 관주해 주면 약해가 잘 옵니다.

여기에서도 이런 차이점이 나옵니다.

그래서 황산 마그네슘은 열매를 수확 끝나는 시기에 맞춰서 하시면 더욱 안전할걸로 봅니다.

수확이 끝나고 시비할때 보통 영양분을 엽면 살포하는 경우가 많습니다.

이때는 황산 마그네슘만 하시고 칼슘제는 6월이 지나면 하지 않는게 체리입니다.

7~9월까지는 체리에 칼슘제를 주의하십시오.

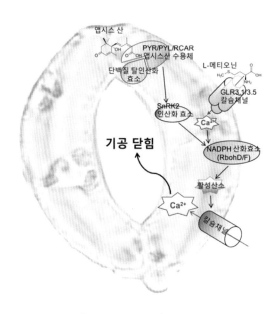

출처: Dongdong Kong, Heng-Cheng Hu, Eiji Okuma, Yuree Lee, Hui Sun Lee, Shintaro Munemasa, Daeshik Cho, Chuanli Ju, Leah Pedoeim, Barbara Rodriguez, Juan Wang,Won-pil Im, Yoshiyuki Murata, Zhen-Ming Pei, June M. Kwak*(Cell Reports, in press)

7~9월에(열매를 수확하고 열매가 달려있지않은 시기) 칼슘제를 엽면 살포하면 약해도 잘 오시만 나무도 잘 숙습니다.

그 이유는 앞에서 설명드린 가리가 관여하는 공변 세포와 관련되어 있습니다.

공변세포를 활성화 하기 위해 가리를 엽면 살포해서 기공을 열어 놓았는데 여기에 칼슘을 살포하면 기공을 닫아 버립니다.

인산가리나 황산가리를 바닥에 시비했거나 엽면 살포로 4회 이상을 한 농가들은 큰 이상이 없을 겁니다.

하지만 그렇지 않은 농가들은 위험성이 있으니 이 시기를 주의하십시오.

만약 이 시기에 칼슘제를 했으면 비가 3일 이상 오는날이 없기를 바래십시오.

비가 3일 이상 연속으로 오지 않으면 큰 탈은 없을 겁니다.

하루 비오고 담날 소나기 오고 날씨가 쨍쨍하니 좋으면 약해는 안 나타납니다.

이 시기에 칼슘제를 하고 15일 안에 3일 이상 연속으로 비가 오면 위험합니다.

저는 그때는 아예 피하고 살포합니다.

그래도 아직까지 칼슘부족 현상 안왔습니다.

열매있을 때 열심히 줍니다.

마이신 종류 살포를 주의하십시오

벚나무 갈색무늬구멍병

이 잎을 수거해서 농약 방이나 박사님들에게 문의하면 무조건 세균성 구멍병이내 하면서 마이신류의 농약을 살포 하라고 할 겁니다.

벚나무류인 체리 나무는 세균성 구멍병이라는 명칭은 세계 어느 나라를 찾아봐도 보기가 힘듭니다.

체리 나무의 세균성 병해는 흔히 말하는 수지병 밖에 없다고 생각하시면 됩니다.

벚나무 갈색무늬구멍병은 만코제브(다이센-엠)으로도 충분히 예방가능한 병입니다.

외국에서 체리잎 구멍병에 사용하여 효과가 가장 좋은 약제는 레빅사라는 농약입니다.

외국에서 보는 체리 구멍병

Cherry Leaf Spot of Peach

Cherry leaf spot(Blumeriella jaapi, formerlyCoccomyces hiemalis), sometimes called shothole disease, is a fungal disease that affects leaves of sour cherry

and sometimes sweet cherry; it rarely affects peach. Small reddishpurple spots develop on leaves and enlarge to ¼ inch. Velvety spore masses may develop on undersides of leaf spots if weather is wet or humid. During summer, centers of spotsdrop out, causing shot-hole symptoms. Leaves eventually become bright yellow as infection progresses, while halos around spots remain green (green island effect); leaves drop prematurely. The fungus overwinters on fallen leaves. Symptoms resemble bacterial leaf spot.

해석: **체리 잎 반점**(Blumeriella jaapi, 이전에는Coccomyces hiemalis라고불림)은 때때로 샷홀병이라고도 불리며, 사워 체리와 때로는 달콤한 체리의 잎에 영향을 미치는 곰팡이성 질병입니다. 복숭아에는 거의 영향을 미치지 않습니다. 잎에 작은 적자색 반점이 생기고 1/4인치로 커집니다. 날씨가 습하거나 습하면 잎 반점의 아랫부분에 벨벳 같은 포자 덩어리가 생길 수 있습니다. 여름에는 반점의 중심이 떨어져 샷홀 증상이 발생합니다. 감염이 진행됨에 따라 잎은 결국 밝은 노란색이 되고 반점 주변의 후광은 녹색으로 유지됩니다(녹색 섬 효과). 잎이 일찍 떨어집니다. 곰팡이는 떨어진 잎에서 겨울을 납니다. 증상은 박테리아 잎 반점과 비슷합니다.

출처: Martin-Gatton College of Agriculture, Food and Environment(켄터키 대학 농식품 환경부)

외국에서도 체리의 구멍병은 세균성이 아닌 곰팡이성 질병으로 구분합니다.

물론 세균성 구멍병도 나무 잎파리 안에 있을 수도 있습니다.

하지만 주로 오는 병은 곰팡성 이라는겁니다.

여기에 마이신류를 해봐야 소용없는 겁니다.

더 심해지는 결과만 가져올수 있습니다.

여러분들이 판단하십시오.

저는 잎이 푸른색이면 그냥 놔둡니다

노란잎으로 한두장 변하기 시작하면 그때 포리옥신 또는 레빅사에 황산 마그네슘 혼용해서 살포하고 끝입니다.

단 포리옥신이나 레빅사는 체리에 등록되지 않은 농약이므로 사용하는데 신중을 기해야 합니다.

그나마 잔류검사를 면제해주는 약제라서 다행이구나 하면서 열매 없을 때에만 사용합니다.

외국에서는 레빅사를 하라고 되어있지만 2024년 오늘까지는 레빅사는 포리옥신과 같이 체리에 등록되어있지 않으니 여러분들이 판단해서 사용하십시오.

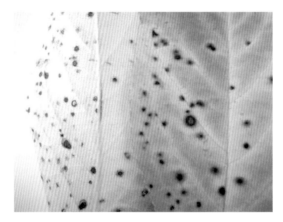

출처: Martin-Gatton College of Agriculture, Food and Environment(켄터키 대학 농식품 환경부)

체리의 병해는 나무 스스로 잘 이겨냅니다 억지로 이겨낼려고 하면 약해만 더 올 수 있습니다.

체리 재배 중 구멍병은 아무것도 아닙니다.

수지병이 좀 어렵고 나머지 병해는 큰 문제 안 됩니다.

단 충해(나방류)는 한두개 생기면 무조건 방제 하는 쪽으로 합니다.

저는 지금까지 순나방은 언능 와서 순좀 집어달라고 우스갯소리로 이야기하고 흰불나방 방제는 무조건 합니다. 그외는 약을 잘 하지 않습니다.

우선 위험성이 있는 마이신류들을 보겠습니다.

꼭 사진에 나와있는 마이신류가 아니더라도 여러 가지 마이신류가 있습니다

이런걸 마이신 종류라고 한다고 알려 드릴려고 올려놓은 사진입니다.

여기에 있는거는 안되고 안 나온거는 상관없는게 아닙니다.

제가 마이신류를 주의하십시요 하니까 마이신류가 뭔지를 모르시는 분들이 많아서 이런 종류가 있다고 알려드릴 뿐이니 오해없시길 바랍니다.

이런 종류의 마이신류를 1회는 큰 이상이 없습니다.

1회 살포시에는(정량으로 살포시) 17일 후면 약기운이 전부 산화된다고 나와있습니다.

하지만 마이신류를 접하게 된 농가들은 어 이상하네 더 심해지는데 하면서 10일 이내에 또 한 번 하게 됩니다 이때부터 문제가 생기기 시작합니다.

화속들이 잎이 떨어진 화속들이 타기 시작합니다.

보통 아래 부분부터 잎이 떨어지는데 이 부분에 있는 화속들이 검게 타면서 말라버립니다.

3번째 하시면 그 농가는 패원 수준까지 가는 걸 여러 곳에서 봤습니다.

진천에 강진에 정선에 순창에 등등 너무 안타까운 현실입니다.

제가 못쓰는 책을 출간하게 된 계기도 첫 번째는 마이신류와 석회보르도액 때문에 피해를 보는 농가들이 너무 많아서 책을 쓰게 된 이유일겁니다.

이 사진은 마이신류를 2회 이상하고 초겨울이나 이른봄에 보르도액을 살포한 곳입니다.

제발 한 번 해서 안들으면 그냥 두십시오.

차라리 구냥 누는게 나무에게는 훨씬 좋습니다.

석회 보르도액은 체리에 하면 약해가 잘오는 약제입니다.

작물의 줄기나 잎이 산성인 복숭아 ,자두, 체리, 살구, 매실, 배추 등에 살포할

경우 구리의 가용화가 증대되어 약해를 일으킬 수 있어 주의해서 사용하여야
한다.

출처: 농사로

우린 자두나 복숭아와 같은 핵과류이니까 체리에도 하는 게 당연한 것처럼 살포하는 경우가 많습니다.

외국 자료 어디에도 우리나라 자료 어디에도 체리에 보르도액을 하라는 말은 없습니다.

어느 분이 체리 방제력이라고 만들어서 나눔한 자료에 보면 초봄에 의무적으로 석회 보르도액을 하라고 되어있습니다.

어느 지역의 방제력에도 동계 방제로 석회보르도액을 하라고 되어있습니다.

그 분들에게 잎의 즙액이 산성인 나무에 보르도액을 줘도 되는지 물으면 그게 뭐냐고 합니다.

그러면 왜 석회보르도액을 하느냐 물으면 세균성 구멍병을 예방하기 위해서랍니다.

외국 어디에도 없는 체리 세균성 구멍병을요????

저는 위의 사진 같은 경우를 너무 많이 봤습니다.

사진상의 줄기들은 순집기를 해서 죽은 가지이고 화속들은 마이신 약제한 나무에 겨울 동계 방제로 보르도액을 살포해서 화속이 빠진걸 위에 올려놓은 것입니다.

하지 말아야 할 것 세 가지(순집기 마이신 석회보르도액)를 정답인것 처럼 살포해서 오는 현상입니다.

이래서 체리가 어려운겁니다.
아니 이래서 체리는 쉬운겁니다.
하지 말아야 할것만 알면 됩니다.
퇴비 주지 말아라 순집기 하지 말아라 마이신 하지 말아라 보르도액 하지 말아라 마그네슘 하지 말아라 칼슘제 하지 말아라.
이것만 안하면 됩니다

작가의 의견

석회보르도액을 왜 살포해야 하는지를 물어보면 세균성 구멍병과 박테리어 캔거(수지병)때문이라고들 합니다.
세균성 구멍병은 앞에서 해설해 놓았듯이 체리에는 극히 드문 현상이고 나머지 수지병 때문에 준다고 하면 4년생으로 넘어가서 수지병(bacterial canker)를 설명하면서 자세히 설명해 드리도록 하겠습니다.

3년생의 여름전정

3년생의 여름전정은 8월 초 경에 실시합니다.

먼저 닭발 전정을 실시하면서 내가 원하는 위치의 가지 하나만 두고 나머지는 모두 바짝 잘라서 없애 버리십시오.

이 작업은 직립종의 품종은 무조건 해야 하는 작업이고 펜덴트형이나 반 개장성 품종은 약한 가지를 두어개 정도 두고 자르셔도 됩니다.

놔두고 자르게 되면 겨울 전정에서 다시 자르게 됩니다. 하지만 직립형의 품종(부룩스, 라핀, 첼란 레이니어 등)은 한지만 두고 자르시는게 좋습니다.

펜덴트 형은 남겨논 닭발 가지가 덜 두꺼워 지지만 직립형의 품종은 두개를 남겨 두어도 아래 부분에서 자식현상이 생길 수 있습니다.

직립형 품종의 여름전정모습

이때 닭발 정리를 하면서 직립형의 품종들은 안쪽에서 나온 가지들은 사진처럼 10~15cm 정도를 남기고 자르십시오.

펜던트형(버건디펄 애보니펄 겔프로)의 품종들은 안쪽으로 난가지를 사진처럼 남겨도 되고 바짝 잘라버려도 됩니다.

저는 바짝 잘라버립니다.

단 어떤 품종이던지 간에 밖으로 나와 있는 가지는 절대 건들지 않습니다.

이가지는 결과지로 활용하는 경우나 차후에 수고를 낮출때 써먹어야 하는 가지이기 때문에 절대 밖으로 나와있는 가지나 아래를 향해 나와있는 가지는 손을 대지 않습니다.

어! 직립형의 품종을 이때 자를거면 순집기를 해도 되겠네요?

아닙니다.

만약 순집기를 하실려면 직립형의 품종에서 1~2년만 하시고 3년째 부터는 여름 전정에서 저 작업을 하십시오.

저기에서 여러개의 눈이 동시에 올라와서 나무가 한정없이 자라는걸 멈춰 줍니다.

직립형의 품종들은 3년째가 되면 어마무시하게 자랍니다.

10월까지 계속 자라기 때문에 안쪽 가지에서 힘을좀 빼고 겨울 전정시에 작은가지 하나만 두고 나머지를 버립니다.

펜던트형의 품종도 세력이 너무 좋은거는 이런 방식으로 전정을 하시고 겨울에 바짝 잘라버리십시오.

3년생 마무리

3년생의 체리는 2년생 처럼 닭발 정리는 똑같이 하시면 됩니다.

2년생은 순나방 약을 해야 되지만 3년생은 반드시 하지 않아도 큰 문제가 되지 않을겁니다.

3년생도 석회는 주서야 합니다.

3년째 겨울이 되면 체리 밭에는 황산가리를 줍니다.

4년생 재배

4년째 되는 1~2월경에 눈 위에다가 저는 입상 황산 가리를 줍니다.

나무 주변 위주로 퍼서 주기에 보통 4년생 기준은 한주먹 이상을 줍니다.

5년째는 두주먹 6년째는 세주먹 그 이후에는 평균 네 주먹씩 줍니다.

하긴 10년 넘어 가니까 비료살포기로 그냥 뿌리게 되더군요.

왜 1~2월에 황산 가리를 눈위에 주느냐고 문의 하신 분들이 많아서 알려드립니다.

가리는 생식 생장에 들어가면 나무가 잘 흡수를 하지 않습니다.

영양 생장 기인 이른 봄에 흡수율이 가장 좋습니다.

체리 처럼 꽃의 갯수가 많고 열매의 숫자가 낳은 작물은 이른 봄 눈위에 주는게 더 좋은 효과를 나타냅니다.

체리의 맛과 향을 좋게 합니다.

황산 가리를 준 체리와 주지 않은 체리의 맛은 천지 차이입니다.

염화 가리가 가리 성분은 더 많습니다.

하지만 염소가 토양에 흡착되어 산성화를 시키는 능력이 황산 가리보다 훨씬 뛰어나서 저는 황산 가리를 줍니다.

앞에서 가리는 양분 이동을 시키는 역할을 한다고 했습니다.

모든 작물의 뿌리는 1월말에서 2월 초면 움직이기 시작합니다.

이때 저장 양분이 부족하면 물과 함께 양분 흡수를 도와 주는 게 가리입니다.

황이 들어 있어서 맛이나 향을 더 좋게 합니다.

저는 늦어도 2월 안에는 토양에 황산 가리를 주라고 합니다.

특히 펜던트 형의 체리 품종은 무조건 줘야 합니다.

직립 형의 품종은 안줘도 큰 문제 안 됩니다.

반개장 형도 마찬가지로 안줘도 차후에 엽면 살포만 해줘도 됩니다.

하지만 펜던트 형의 품종(애보니펄 버건디펄 겔프로)을 재배 하신다면 무조건 바닥에 입상 황산 가리를 주십시오.

4년생으로 넘어올 때 황산 가리 바닥 시비를 했다면 동계방 제를 실시 해야 합니다.

개화 최소 한달 전까지는 기계 유제를 해야 합니다.

저는 3월 초에 500리터 물에 기계 유제 2리터를 넣고 깍지벌레 농약을 혼용해서 살포합니다.

요즘에는 식물성 오일을 사용하거나 파라핀 왁스를 또는 소이왁스를 사용하신다는 분

들이 많습니다.

기계 유제에 안 좋은 인식이 있는 분들은 다른 오일이나 왁스를 사용해도 큰문제는 안됩니다만 제발 적은 량을 사용하십시오.

기계 유제는 500리터 물에 3리터를 넘어가면 안 됩니다.

그러면 무조건 약해옵니다.

어느 분이 그러더군요. 25말에 18리터 한통을 넣으라고 되어 있다고요.

그래서 저는 그렇게 반문합니다.

체리에 그렇게 하라고 되어있나요????

아니요. 사과에 그렇게 하라고 되어있습니다.

이건 사과가 아닙니다. 체리입니다. 체리는 그렇게 많이 넣으면 나무 전체가 주눅 들어서 잘 안크고 비실비실합니다.

다른 과수도 마찬가지입니다.

특히 4년생 미만의 어른 나무에게 주면 나무 죽는 건 일도 아닙니다.

저는 사과에도 그렇게 많이 안 넣습니다. 사과는 5리터 정도만 넣습니다.

한통을 넣은 농가들의 체리 나무는 일년 내내 비실비실합니다.

그러면 여지없이 다른 병이 옵니다.

그렇게 패원하는 농가도 몇 농가 봤습니다.

체리는 엄청 민감한 나무입니다.

아픈것도 마찬가지고 회복 하는것도 마찬가지입니다.

가장 민감한 것이 농약입니다.

농약 잘못하면 약해오는 농약이 많습니다.

특히 잎이 있을때 동(銅) 즉 구리(CU)를 포함하고 있는 제품은 무조건 약해가 온다고 보셔야합니다.

요즘에는 생산이 금지된 농약들이지만 이런 농약들도 핵과류에는 약해가 잘오던 거였습니다. 페로팔 호리마트, 포스팜 등.

기계유제와 혼용하는 농약

●●●

기계 유제에 깍지 벌레약을 넣고 코사이드를 혼용해서 살포하는 방법입니다.

이방법은 기존에 핵과류 재배에서 흔히 사용하던 방법입니다.

수지병을 없애기 위해 구리를 살포하는 방법으로 석회 보르도액 대용으로 코사이드를 많이 사용합니다.

저도 한동안 사용 했었습니다.

하지만 크게 효과를 보지 못해서 지금은 사용하지 않고 있습니다.

코사이드는 체리에 등록 되어있지 않은 농약이지만 잔류 면제를 해주는 농약이므로 그 동안 사용을 했지만 수지병에 특별히 좋다는 자료를 찾지 못했고 차라리 더 않 좋다는 논문이 많아서 더이상 사용을 하지 않고 있습니다.

더군다나 코사이드를 살포하고 10일 이내에 다이센 엠을 하면 약해가 온다는 위험성도 안고 있어서 기계유제를 조금만 늦게하면 다이센 엠과의 연계 약해로 인해 불안하고 해서 더 이상 사용 하지도 않고 체리에는 권하지 않습니다.

체리의 세균성이 불안하시면 차라리 위의 제품을 쓰십시오.

저도 요즘에는 차라리 위의 제품을 사용합니다.

옥사이 클린은 효과는 좋은데 체리에 등록이 되어있지 않은 농약이고 배차엔 진품은 체리에 등록 되어있는 농약입니다.

이 제품들은 기계 유제와 혼용이 가능하다고 아직은 판명되지 않은 약으로써 저는 기계 유제로 동계 방제를 하고 목면시비를 할때 다이센엠과 배차엔진품을 혼용해서 살포하니 참고하십시오.

2차 목면 시비때 델란과 혼용할시에는 옥사이클린을 사용합니다.

어떤 논문을 보니 옥시테트라사이클린이 방제가는 22%, 옥솔린산은 18%, 디티아논은 15%(사과세균성병인 화상병)정도로 되어있어서 저는 위에 제품을 사용하지만 판단은 독자 여러분들 몫이므로 강요하지는 않습니다.

체리나 과수의 곰팡이 성이나 나무 썩음병이 불안 하시면 기계 유제에 베푸란을 혼용헤서 사용하십시오.

이 농약은 리도밀 골드와 같이 체리에 등록이 되지 않은 농약이므로 열매에 직접 살포는 안됩니다.

단 이 농약은 새싹이 나오기 전 동계방제로 하시는게 좋습니다.

그리고 기계 유제와도 혼용이 가능합니다.

기계 유제하고 베푸란하고 깍지 벌레약을 혼용해서 살포합니다.

저는 500리터 물에 기계유제 2~3리터 베푸란 500ml×2병 깍지벌레약 500ml 한병을 혼용해서 천천히 살포합니다.

그리고 석회 유황 합제는 안합니다.

이 농약은 겨울에 해서 부란병을 잡는 약입니다.

하지만 체리에 등록이 되지 않아서 따로 주실 분들은 물과 혼용해서 나무 갈라진 부위부터 아랫 부분 즉 토양까지 듬뿍 주십시오.

리도밀 골드는 겨울에 사용하는 것보다 잎이 나고나서나 여름 장마 전에 이런 형태로 주시면 됩니다.

다음에 리도밀이 나오는 부분에서 더 자세히 설명 드리겠습니다.

흔히 보르도액은 세균성 병해 때문에 한다고 하고 석회 유황 합제는 곰팡이균들을 죽이려고 한다고 하지만 저는 지금까지 보르도 액이나 석회 유황 합제를 해서 효과를 보는 농가보다 농도 장해에 의한 약해가 오는 농가를 더 많이 봤습니다.

지금도 효과 없다고 안하시는 분들이 많습니다.

그렇다고 동계 방제를 안 할수는 없습니다.

이때 병균을 잡는게 쉽습니다.

모든 과수는 마찬가지입니다.

제가 만난 농업인 들에게 많이 물어 봅니다.

탄저병은 언제 옵니까?

7월에 조금 8월에 많이 옵니다 이렇게 말들하십니다.

그건 여러 분들 눈에 보이는 시기입니다. 탄저병은 4월부터 옵니다.

하면 모두들 놀래십니다.

5월부터 분생포자를 형성하게 되며 비가 올 때 빗물에 의하여 비산되어 제 1

차 전염이 이루어지고 과실에 침입하여 발병하게 된다.

병원균의 전반은 빗물에 의해서 이루어져 기주체 표면에서 각피로 침입하여 감염되며 파리나 기타 곤충 및 조류에 의해서도 분산 전반되어 전염이 이루어지는 것으로 되어 있다.

병원균의 생육온도는 5~32℃이며 생육적온은 28℃이다.

출처: 농진청

4월 말이나 5월 초면 균들은 나무나 꽃 아님 잎으로 이동하여 분생 포자를 발생하고 그 분생 포자가 어린 과일에 붙어서 점점 자라게 됩니다.

이때를 잠복기라고 흔히 합니다.

포자가 과피에 도달하면 5-8시간 이내에 발아하여 발아관을 내어서 상처를 통하여 침입하거나 곧바로 부착기를 형성하여 기주체 표면을 뚫고 들어가서 침입.

고추 탄저병균의 경우 포자발아에서 병반 형성까지의 시간은 보통 96시간(4일)으로, 포장상태에서는 6일-10일이 소요됨.

일반적 으로 침입한 포자는 온도에 따라 다르게 성장 하지만 빠르면 7일 늦으면 60일 후에 우리 눈에 보이기 시작합니다.

우리 밭에 최초의 탄저병이 눈에 보인다면 그 병원균은 무조건 한달 전에는 와서 잠복하고 있다가 이제시아 여리분들 눈에 보이는 거라고 생가 하시면 됩니다.

무조건 5월 초부터 방제를 열심히 하십시오.

5월에는 한두번 더 하십시오.

수지병(bacterial canker)

먼저 미국의 자료를 보겠습니다.

1. Do not interplant new trees with old trees that are major sources of the bacteria.

2. Keep irrigation water off the aboveground tree parts as much as possible for the first two or three years after planting.

3. Avoid all types of injury, including mechanical, insect, and frost injuries. Paint trunks with white latex paint to prevent winter injury.

4. Use summer pruning. Prune only during dry weather.

5. Remove and destroy diseased branches and trees.

6. Choose resistant cultivar/rootstock combinations.

7. Locate orchards in areas less likely to be affected by frost and slow - drying conditions.

8. Provide optimal soil conditions for growth of sweet cherries, paying attention to pH and nutrition. Excessive nitrogen, especially applied late in the growing season, may promote growth that is susceptible to low-temperature injury in early winter, followed by bacterial infection.

9. Control weeds, especially grasses. They often support large populations

of *Pseudomonas syringae*. Clover and vetch groundcovers support lower populations. Consider clean cultivation of row middles for the first three years.

10. Strains of P. syringae that are resistant to copper-based bactericides are widespread in the Mid-Columbia area. Copper sprays may result in more bacterial canker and should not be used.

11. Test for and control plant pathogenic nematodes before planting. High populations of ring nematode have been associated with more bacterial canker.

12. In high infection areas, plant trees later in spring to avoid cool, wet conditions. In Michigan, where bacterial canker damage was widespread, growers are less sure about using copper as a bactericide, as it appears that*Pseudomonas syringae pv. Syringae*(the main causal agent of bacterial canker in sweet cherry) is showing resistance. Two strains of pseudomonads attack both sweet and tart cherries, although each strain tends to favor one or the other.

출처: Good Fruit Grower

해석: 1. 박테리아의 주요 공급원인 오래된 나무와 새 나무를 혼식하지 마십시오.

2. 심은 후 처음 2~3년 동안은 가능한 한 지상 나무 부분에 관개수가 닿지 않게 하십시오.

3. 기계적, 곤충적, 서리로 인한 부상을 포함한 모든 유형의 부상을 피하십시오. 겨울 부상을 예방하기 위해 줄기를 흰색 라텍스 페인트로 칠하십시오.

4. 여름 가지치기를 사용하십시오. 건조한 날씨에만 가지치기하십시오.

5. 병든 가지와 나무를 제거하고 파괴하십시오.

6. 내성 품종/대목 조합을 선택하십시오.

7. 서리와 건조가 느린 조건의 영향을 덜 받는 지역에 과수원을 찾으십시오.

8. pH와 영양에 주의하면서 달콤한 체리의 성장에 최적의 토양 조건을 제공하십시오. 특히 성장기 후반에 적용되는 과도한 질소는 초겨울에 저온으로 인한 손상을 받기 쉬운 성장을 촉진한 다음 박테리아 감염이 발생할 수 있습니다.

9. 잡초, 특히 풀을 제어하십시오. 이들은 종종 많은 *Pseudomonas syringae* 개체군을 지원합니다. 클로버와 비치 지피식물은 개체 수가 적습니다. 처음 3년 동안은 줄 중간을 깨끗하게 경작하는 것을 고려하세요.

10. 구리 기반 살균제에 내성이 있는 P. syringae 균주는 미드콜롬비아 지역에 널리 퍼져 있습니다. 구리 분무는 더 많은 박테리아 궤양을 초래할 수 있으므로 사용해서는 안 됩니다.

11. 심기 전에 식물 병원성 선충을 검사하고 제어하세요. 고리 선충 개체 수가 많을수록 박테리아 궤양이 더 많아집니다.

12. 감염률이 높은 지역에서는 시원하고 습한 환경을 피하기 위해 봄에 늦게 나무를 심습니다. 박테리아 궤양 피해가 널리 퍼진 미시간에서는 재배자들이 구리를 살균제로 사용하는 것에 대해 확신이 서지 않습니다. 달콤한 체리에서 박테리아 궤양의 주요 원인인 *Pseudomonas syringae pv. Syringae*가 내성을 보이는 것으로 보이기 때문입니다. 두 가지 슈도모나스 균주가 달콤한 체리와 신 체리를 모두 공격하지만 긱 균주는 둘 중 히나를 선호하는 경향이 있습니다.

다음은 뉴욕 대학교의 자료를 보시면

Physical and Chemical Management Techniques

If *P. syringae* infection is present in the tree, control of the infection and spread can be done by:

● Cutting and removal of infected tissue: limbs with gummosis or cankers.

● Cauterization burning cankers on limbs with a hand-held propane burner. Should be done during spring (Hawkins, 1976, Foss and Antonelli, 2012).

● Dormant sprays: fixed copper (copper hydroxide, Cu^{++}) sprays. Copper oxides (Cu^+) have shown to be ineffective in controlling the disease (Torres and Latorre, 2009).

● Pre-bloom: copper sprays + antibiotic based Kasugamycin HCL hydrate

● Sulfur sprays (Foss and Antonelli, 2012)

When using pesticide products, always read and follow all label instructions. Do not apply copper products after full bloom (Foss and Antonelli, 2012). Note that there are reports of resistance of *P. syringae* to copper and antibiotics in Oregon (Pscheidt and Ocamb, 2021). Poor control can be due to resistance to pesticides, poor chemical coverage, inadequate timing, and/or high pressure of disease caused by PSS in the orchard.

출처: Written by Bernardita Sallato C., Gary Grove and Alexandra Johnson, Washington State University, August 2021. Reviewed by Dr. Frank Zhao, January 2022.

해석: 물리적 및 화학적 관리 기술

나무에 *P. syringae* 감염이 있는 경우, 감염과 확산을 다음과 같이 통제할 수 있습니다.

● 감염된 조직의 절단 및 제거: 잇몸염이나 궤양이 있는 사지.

● 손에 든 프로판 버너로 팔다리의 궤양을 소작하는 것. 봄철에 해야 합니다 (Hawkins, 1976, Foss and Antonelli, 2012).

● 휴면 살포: 고정 구리(수산화구리, Cu^{++}) 살포. 산화구리(Cu^+)는 질병을 통제하는 데 효과가 없는 것으로 나타났습니다(Torres 및 Latorre, 2009).

● 개화 전: 구리 스프레이 + 항생제 기반 카수가마이신 HCL 수화물

● 유황 분무(Foss 및 Antonelli, 2012)

살충제 제품을 사용할 때는 항상 모든 라벨 지침을 읽고 따르십시오. 만개한 후에는 구리 제품을 적용하지 마십시오(Foss and Antonelli, 2012). 오리건에서 *P. syringae*가 구리와 항생제에 내성을 보인다는 보고가 있습니다(Pscheidt and Ocamb, 2021). 제대로 관리하지 못하는 것은 살충제 내성, 화학 물질 적용 범위 부족, 시기 적절하지 않음, 과수원에서 PSS로 인한 높은 질병 압력 때문일 수 있습니다.

여튼간에 체리에 구리(동)가 들어있는 제품은 요즘에는 전 세계 어디에서도 사용하지 않는 추세입니다.

물론 저도 지금은 구리 제품은 되도록 이면 사용하지 않고 있습니다.

그런 이유로 저는 앞에서 설명 드린 것처럼 농약을 사용합니다.

(옥시클린이나 베차엔진품)

그 이후로는 훨씬 더 안전하다는 느낌이 듭니다.

여러분들도 석회 보르도액이나 구리 사용을 자제해 주시길 바래봅니다.

2012년도 이전의 자료들을 보면 구리를 수지병이나 뿌리 썩음병 줄기 마름병에 전부다 사용했습니다.

2012년 이후부터 구리가 소용 없다는 자료들이 나오기 시작 했으며 현재는 모든 나라에

서 구리 사용을 금지 하고 있습니다.

저도 전에는 코사이드를 사용했습니다.

어쩌면 그런 이유로 우리 밭에도 수지병이 늘 있어 오지 않았나 생각합니다.

미국이나 유럽 자료에도 아직은 특별한 약은 존재하지 않습니다.

비료나 영양제 등으로 효과를 보고 있는 농가들이 많이 있습니다.

외국의 가든 자료를 보면 이런 기사가 나옵니다.

Check the pH of the soil around your tree and gently amend the top 16 inches(40cm) with lime if needed. Foliar spraysof micro-nutrients, in cluding zinc and boron seem to be protective, especially if applied in the fall or spring.

해석: 나무 주변 흙의 pH를 확인하고 필요한 경우 석회로 위쪽 16인치(40cm)를 부드럽게 개량합니다. 아연과 붕소를 포함한 미량 영양소의 잎 분무는 보호 효과가 있는 것으로 보이며, 특히 가을이나 봄에 뿌리면 그렇습니다.

출처: Gardening Know How

What Is Bacterial Canker: Bacterial Canker Symptoms And Treatment

이런 내용입니다.

제가 목면 시비를 하는 이유이기도 하지만 외국 에서도 목면 시비를 할 때 이 비료를 쓰는 이유를 보통 모르고 있지만 이쪽 저쪽에서 자료를 찾다보니 아 이런 이유로 그들이 목면 시비를 하는구나 이해를 했습니다.

하지만 이런 것도 확실하게 인정 된거는 아닙니다.

농업인들이 이렇게 하니 덜 하더라 하는 겁니다.

치료제로 완벽 한거는 아직 발견 되지 않은 것 같습니다.

그들은 일년에 아연과 붕산을 4회 이상 살포합니다.

비율은 목면 시비에서는 천배 그 이후에는 2천 배로 혼용해서 농약과 같이 혼용 살포합니다.

여튼간에 기존에는 구리가 함유된 약제나 마이신류가 효과가 있다는 자료들이 많았는데 요즘에는 효과 보다는 과수원의 청결을 권장합니다.

가장 중요한게 잡초입니다.

나무 밑에는 무조건 잡초를 제거해서 사막화를 만들어야 한다는 겁니다.

이 균은 나무밑의 잡초에서 가장 잘 자라며 왕성하므로 절대 나무 밑에 풀을 키워서는 안 된다는 이야기가 모든 수지병의 예방법에 적혀있습니다.

그러면 석회 유황합제는
어떻습니까?

● ● ●

   정확하게 말하면 석회 유황합제는 포도에 흰가루병을 잡기 위해서 사용하다가 미국으로 건너가 본격적으로 퍼지게 된 유기농 재배법입니다.

   하지만 1940년 이후 석회 유황합제로 인한 병충해 방제보다 약해 즉 전문적으로 농도 장해라고들 합니다.

   이 농도 장해로 인한 잎의 고사율이나 농약으로 방제하는 방제가가 더 높게 나오면서 점점 사용이 줄어 들다가 요즘에는 친환경 농가 이외에는 거의 사용을 하지않습니다.

   원래 석회 유황합제는 온도가 22도를 넘어서야 본래의 역할을 제대로 하는데 어린잎이 약해를 잘 받는다는 관계로 동계 방제에 사용하다보니 본래의 역할을 못하고 점점 덜 사용하게 된걸로 알고있습니다.

   미국의 자료에도 석회 유황합제는

Ideally, daytime temperatures should be 70-75°F, which will allow the lime sulfur to heat up and kill the bacteria. Since lime sulfur will wash off, rain should not be in the forecast at the time of application. Only one application per season is necessary.

출처: Kari A. Peter, Ph.D. Associate Research Professor, Tree Fruit Pathology

해석: 이상적으로는 주간 기온이 70~75°F여야 석회 유황이 가열되어 박테리아를 죽일 수 있습니다. 석회 유황은 씻겨 나가므로 살포 시점에는 비가 내리

지 않아야 합니다. 계절당 한 번만 살포하면 됩니다.

70-75℉ (21~24도)온도라면 새싹들이 한참 자랄 시기에 주어야 한다는 겁니다.

그러다 보니 농도를 약하게 줘야하고 농도를 약하게 주다 보니 방재가가 낮아지는 악순환이 되다보니 요즘에는 사과 농가에서도 외면 받는 재제가 된 것 같습니다.

특히 체리는 석회 유황합제를 사용해서 방제 할수있는 병이 아직 국내에서는 알려지지 않고 단지 깍지 벌레 정도로 알려졌습니다.

하지만 깍지 벌레를 잡으려면 절대로 석회 유황합제만 해서는 안됩니다.

전통 방식인 석회 유황합제에 황산 아연을 혼용해야 하고(옛날에는 의무적으로 황산 아연을 넣고 석회 유황합제를 살포 했으나 제품 구하기도 어렵고 혼용하는 것도 잘 몰라서 깍지 벌레나 응애들이 잘 안 잡힌게 덜쓰게 된 원인중에 하나라고 생각합니다.

농약이 워낙 좋은 제품으로 잘나오는 점이나 주변에 하우스가 많아서 비닐이 쉽게 상하며 보상 문제까지 겹치다 보니 현재는 거의 사용을 안합니다.

석회 유황합제는 세균성 병균을 잡는게 아니고 곰팡이성 병균을 잡는 약입니다.

여기에 황산 아연을 넣으면 독성이 강해 지면서 응애류나 깍지 벌레까지 방제 할수있게 된거죠.

단순히 석회 유황합제 하나로 살균과 살충을 다 잡는다고 생각했던 농업의 선배들의 패착 일지도 모르겠습니다.

물을 주십시오

●●●

열매가 열리기 시작하는 나무는 물을 많이 필요로 합니다.

체리 주산지의 날씨를 보면 겨울부터 6월까지는 늘 비가 오는 지역이 많습니다.

우기가 아니고 소나기성의 비가 거의 매일 오는 곳도 있습니다.

그 만큼 물을 많이 필요로 하는 계절이 겨울과 봄이라는 이야기입니다.

그렇다고 겨울에 꽁꽁 얼어 붙어 있는데 물을 줄수는 없습니다.

호스가 녹기 시작하고 물을 줘도 얼지 않을 정도되고 비가 오지 않으면 물을 주십시요.

봄 철의 물은 조금 주는 것보다 한 번 줄 때 듬북 주시는게 좋습니다.

저는 봄철에는 5일에 한 번 아니면 4일에 한 번 3시간 이상을 줍니다.

천평에 약 30톤 정도의 물을 4~5일에 한 번씩 줍니다.

물론 비가와도 줍니다.

우리나라 봄에는 큰비가 별로 안 오더라고요.

물론 많은 양의 비가 오면 일주일 정도는 안줍니다.

우리나라에서 계속해서 재배 했던 작물들은 물을 많이 필요로 하지 않습니다.

극단적인 예로 아몬드 나무나 블루베리를 보십시오.

그들은 엄청난 양의 물이 필요로 합니다.

블루베리 같은 경우는 하루 필요로 하는 물의 양이 주당 2리터입니다.

아몬드 나무는 주당 매일 4리터의 물이 필요로 합니다.

물론 물빠짐도 좋아야 합니다.

아몬드 나무의 개화직전 물주는 모습
(출처: https://blog.naver.com/꽃과정원)

이 정도는 아니더라도 개화 전에 체리 나무는 물을 많이 주는 게 좋습니다.

그렇다고 매일 물에 담궈 두지는 마십시요.

물이 많아야 많은 꽃이 핍니다.

물이 많아야 저장 양분을 잘 올립니다.

물이 많아야 수정 능력이 좋아집니다.

물이 많아야 수정후 낙과가 덜됩니다.

물이 많아야 냉해 피해가 덜합니다.

물이 많아야 덜 죽습니다.

봄에 물은 체리 나무에 생명을 불어 넣어주는 역할을 합니다.

나는 매일 조금씩 물을 주니까 이게 더 좋은 방법일 거야 하시면 저는 반대합니다.

모든 작물은 물이 오면 뿌리의 성장을 잠깐 멈춥니다.

물이 빠지고 축축 하거나 마르기 시작 할때부터 다시 뿌리의 신장이 늘어나기 시작 하는데 매일 나무에 물을 주면 기만히 있어도 주인이 매일 물을 주는데 왜 내가 물을 찾아서 커져야 하지 하는 성질이 있습니다.

식재후 부직포로 덮어두고 2~3년이 지나고 나서 부직포 덮어진 밭에 가서 나무를 흔들어 보세요.

부직포 속에서 뿌리가 자라지 않고 있었기에 그 나무는 흔들 흔들 할겁니다.

부직포 없는 밭에 식재 된거는 1년만 지나도 흔들리지 않게 됩니다.

부직포는 늘 습을 보관하고 있기에 이런 현상이 생기는 겁니다.

그래서 저는 부직포를 덮지 말라고 합니다.

위 사진들은 외국의 체리밭입니다. 아예 풀이 없던지 나무 밑에는 절대 풀이 없습니다.

물이 많다는데 왜 풀이 없냐고 물어 보시는 분들이 많습니다.

이 분들도 나무 밑에는 철저하게 풀을 잡고 부직포로 덮은 농장은 못 본거 같습니다.

앞에서도 언급 했지만 풀이 없는 이유는 수지병 예방과 뿌리 썩음병이나 줄기마름병을 예방 하기위한 겁니다.

풀을 잡으세요.

위의 사진처럼 풀을 키우고 베어내기를 반복하시면 낙엽만 빨리 집니다.

풀을 잡으십시요.

정말로 체리 밭에 풀을 키우면서 재배를 하고싶다면 리도밀 골드를 자주하던지 풀을 5cm이하만 키우시길 권해 드립니다.

체리는 풀이 있으면 절대 열매를 제대로 주지 않습니다.

열매를 수확하고 싶으시면 풀을 잡으세요.

나무를 건강하게 키우고 싶으시면 풀을 잡으세요.

목면시비

목면시비를 하십시오

목면시비를 하는 이유는 모유를 먹이는 이유와 같다고 생각 하시면 됩니다.

과일이 열리기 전에 미리 나무에게 영양을 공급하고 명령을 내리는 겁니다.

아프지 말고 열매 잘 열려서 튼튼하게 자라다오 하는 뜻으로 주는 게 목면 시비입니다.

전 세계 체리재배 농가들은 거의 다 하는 방식입니다.

무엇을 주는가?

첫 번째는 붕소입니다.

두 번째는 황산아연입니다.

세 번째는 칼슘입니다.

저는 이 세가지를 가장 중요하게 여깁니다.

왜 이 세가지를 꼭 목면 시비를 해야 하는가는 먼저 외국 자료를 한 번 보겠습니다.

먼저 아연입니다

아연은 우리가 쉽게 구입할 수 있는 것은 황산 아연입니다.

건도 산업의 황산 아연비료입니다.

이 비료는 진딧물 잡는 특효 약으로 알려져서 엄청 힛트를 친 제품입니다.

이것도 저 때문이라고는 합니다만 사실 옛날에는 많이 사용했던 방식인데 어느 순간부터 귀찮다는 이유로 안쓰게 된 비료입니다.

진딧물 약과 혼용해서 뿌려 주면 진딧물 잘 잡습니다.

Zn(아연)

The most common method for applying Zn is to spray the trees with Zn solutions. The preferred timing of sprays is late dormant (stone fruits), silver-tip (apples and pears), and postharvest (all tree fruits except for apricot). Apparently, there was considerable injury resulting from postharvest sprays to apricots some time in the past. There is some evidence that dormant sprays are more effective than postharvest sprays. Zinc sprays can be applied at both times if deficiency persists and may actually be required for sweet cherries, which are highly susceptible to Zn malnutrition. Zinc sprays should be avoided during the growing season unless definitive deficiency symptoms appear during the summer. There is always risk of fruit russetting when Zn compounds (even some chelated forms) are applied directly to fruits. Because boron deficiency can also cause a type of rosette, it is worthwhile to get independent confirmation that Zn deficiency is the actual culprit.

출처:Washington State University

해석: Zn을 적용하는 가장 일반적인 방법은 나무에 Zn 용액을 뿌리는 것입니다. 선호하는 살포 시기는 늦은 휴면기(핵과일), 은빛 끝(사과와 배), 수확 후

(살구를 제외한 모든 과일)입니다. 분명히, 과거에 살구에 수확 후 살포로 인해 상당한 피해가 발생한 적이 있습니다. 휴면 살포가 수확 후 살포보다 더 효과적이라는 증거가 있습니다. 아연 결핍이 지속되면 두 번 모두 살포할 수 있으며, 실제로 Zn 영양실조에 매우 취약한 달콤한 체리에 필요할 수 있습니다. 여름에 확실한 결핍 증상이 나타나지 않는 한 성장기에는 아연 살포를 피해야 합니다. Zn 화합물(일부 킬레이트된 형태도 해당)을 과일에 직접 적용하면 과일이 녹슬 위험이 항상 있습니다. 붕소 결핍도 일종의 로제트를 일으킬 수 있으므로 Zn 결핍이 실제 원인인지 독립적으로 확인하는 것이 좋습니다.

ZINC NUTRITION OF FRUIT TREES BY FOLIAR SPRAYS

Authors / D. Swietlik

Abstract

Effective methods of supplying Zn to fruit trees are needed to combat widespread deficiency of this element all over the world. Soil applications are not very effective because the roots of fruit crops occupy deep soil layers and zinc does not easily move in the soil. Although foliar sprays are more effective, foliar-absorbed Zn is not easily translocated in plants, which necessitates repeated spray applications and diminishes the ability of foliar sprays to alleviate Zn deficiency in all plant parts. Conditions under which fruit trees are most likely to respond to corrective Zn treatments in terms of growth, yield, and fruit quality are not completely understood. In citrus and apples, the occurrence of severe deficiency symptoms appears to be a prerequisite for tree responses. Zinc foliar sprays applied before anthesis may be most beneficial in terms of fruit yield in citrus and grapes. More research is needed to better define the critical periods for Zn supply to assure optical fruit set, fruit growth, and high external and internal fruit quality.

해석: **과일나무의 아연 영양 공급(잎에 뿌리는 살포법)**

저자 / D. 스비틀릭

추상적인

전 세계적으로 널리 퍼져 있는 이 원소의 결핍에 대처하기 위해 과일 나무에 Zn을 공급하는 효과적인 방법이 필요합니다. 과일 작물의 뿌리가 깊은 토양 층을 차지하고 아연이 토양에서 쉽게 이동하지 않기 때문에 토양 적용은 그다지 효과적이지 않습니다. 잎에 분무하는 것이 더 효과적이기는 하지만 잎에 흡수된 Zn은 식물에 쉽게 이동하지 않아 반복적인 분무 적용이 필요하고 모든 식물 부위에서 Zn 결핍을 완화하는 잎에 분무하는 능력이 감소합니다. 과일 나무가 성장, 수확량 및 과일 품질 측면에서 교정 Zn 처리에 가장 잘 반응할 가능성이 있는 조건은 완전히 이해되지 않았습니다. 감귤류와 사과에서 심각한 결핍 증상의 발생은 나무 반응의 전제 조건인 것으로 보입니다. 개화 전에 적용되는 아연 잎에 분무하는 것이 감귤류와 포도의 과일 수확량 측면에서 가장 유익할 수 있습니다. 최적의 과일 세트, 과일 성장 및 높은 외부 및 내부 과일 품질을 보장하기 위해 Zn 공급의 중요한 기간을 더 잘 정의하기 위한 추가 연구가 필요합니다.

이것 이외에도 아연은 여러가지 기능이 있습니다.

예를 들어서 아연이 많이 들어있는 식품은 굴 입니다 흔히 굴은 정력제로 많이 알려져 있으며 남자 분들이 정력이 약해지면 병원에 가서 아연 처방을 받는 경우도 흔합니다.

그래서 우스개소리로 아연을 먹으면 마누라를 찾아간다는 말도 있습니다.

그런 아연을 식물이 먹으면 어떨까요?

식물은 제 자리에서 꽃을 피웁니다.

누굴 찾아서 움직일수가 없습니다.

그래서 수정을 하기 위해서 벌들이 옵니다.

아연을 먹은 식물은 수정 조건이 더 좋아져서 벌들을 더 불러 올수 밖에 없습니다.

먹지 않은 나무와 먹은 나무의 차이 점은 얼마나 정열적으로 벌을 불러 모으느냐의 차이입니다.

그래서 우리 체리 밭에는 벌들의 천국입니다

벌 소리 때문에 체리 꽃이 만개 했을 때에는 체리 밭에 들어 가기가 겁 난다고 합니다

그 만큼 벌이 많아 진다는 겁니다.

우리나라 토양에는 아연이 많습니다.

그래서 어느 분들은 아연을 주지 않아도 충분 하다고 합니다.

알칼리 토양에서의 아연 결핍은 심하지만 산성 토양에서의 아연 결핍은 그리 잘 나타나지 않기 때문이죠.

저는 이렇게 생각합니다.

체리 나무가 우리나라에서 계속 적으로 존재하고 자라 왔다면 그 말이 맞을수도 있겠지만 이들은 외국에서 건너 온거라 거기서 적응된 나무라 저는 주어야 한다고 생각합니다.

그리고 줘보면 다릅니다.

아연 두 번 준 곳과 안한 곳의 차이는 너무 뚜렷하게 나타납니다.

B(붕소)

많은 분들이 묻는 게 붕사는 뭐고 붕소는 뭐고 붕산은 뭐냐고 많이 질문합니다.

붕소는 원소기호 즉 B를 지칭하는 원소기호입니다.

그냥 원소 기호만 지칭하는 거고 따로 비료나 자재를 부르는 이름은 따로 있습니다.

비료는 붕사비료 붕산비료만 있습니다.

붕사비료

이 비료는 위쪽의 사진처럼 입상 형태의 비료로 토양에 주는 비료입니다. 작은 알갱이 형태로 되어있으며 물에 잘 녹지 않기 때문에 녹여서 사용할수 없는 비료입니다.

무조건 토양에 직접 주는 비료로 300평당 1KG을 주라고 되어 있으며 이 비료가 없으면 배추 포기가 안질 않고 배추가 봄동처럼 옆으로만 퍼집니다.

또한 이 비료가 결핍되면 무우 저장력이 약해지고 고구마 심줄이 박힙니다.

배추나 무우 심을 때는 무조건 밑거름으로 땅에 뿌리고 로타리 작업후에 식재를 하셔야 합니다.

특히 도라지 밭에 이 비료를 잘 활용하면 일자로 매끈한 뿌리의 도라지가 생산됩니다.

들깨밭이나 대추에는 과잉 현상이 잘 나타나니 주의하십시오.

붕산비료

붕사는 천연 붕산염으로 산출되며, 붕산은 붕사를 산으로 분해하여 제조된다. 이때, 붕산 비료는 수용성 붕소를 50% 이상 함유하고, 붕사 비료는 수용성 붕사를 30% 이상 함유하고 부성분으로 나트륨을 포함하고 있다. 붕사 비료가 물에 녹으면 알칼리성을 나타낸다.

붕소는 미량요소이지만 적정함량의 범위에서 조금이라도 부족하거나 과다하여도 농산물의 각종 생리장애를 유발하여 이상 증상을 나타낸다. 즉, 붕소의 결핍은 농작물 뿌리의 발육 부진, 생육장애 및 결실장애 등을 유발하고, 반대로 과잉은 잎맥이 황색으로 변화되고, 신초(新梢)의 신장이 정지되며 일부 잎은 위로 굽어지는 형상이 발생된다.

이렇듯 붕산은 어디서는 붕사라고 하고 어디서는 붕소라고 부르다 보니 많은분들이 헷갈린다고 하시지만 붕사 비료는 토양에 주는것 . 붕산 비료는 물에 잘 녹으니 엽면 살포하는것 이렇게만 알아 주시면 될 겁니다.

작물에서 붕소의 역할 중 가장 중요한 것은 세포 분열입니다.

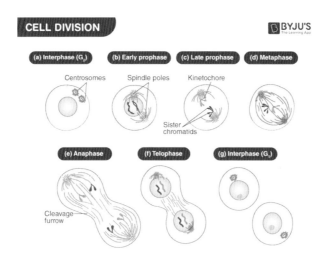

출처: https://byjus.com/

세포 분열(細胞分裂, cell division)은 하나의 모세포가 분열하여 2개 또는 그 이상의 딸세포로 나뉘는 과정이다.

[1]세포 분열은 주로 세포 주기의 한 부분으로 발생한다. 진핵생물의 세포 분열은 각 딸세포가 모세포와 유전적으로 동일한 체세포분열과 딸세포의 염색체 수가 반으로 줄어들어 홑배수체 생식자를 만드는 생식적인 세포 분열인 감수분열로 2가지로 구분된다.

Flowering and fruiting

The boron requirement is much higher for reproductive growth than for vegetative growth in most plant species. Boron increases flower production and retention, pollen tube elongation and germination, and seed and fruit development. A deficiency of boron can cause incomplete pollination of cornor prevent maximum pod-set in soybeans, for example.

해석: 꽃이 피고 열매가 맺히다

대부분의 식물 종에서 붕소 요구량은 영양 생장보다 생식 생장에 훨씬 더 높습니다. 붕소는 꽃 생산과 유지, 꽃가루관 신장 및 발아, 씨앗과 과일 발달을 증가시킵니다. 붕소 결핍은 불완전한 수분을 유발할 수 있습니다.옥수수 예를 들어, 콩의 꼬투리 형성을 최대로 방지할 수 있습니다.

출처: https://www.borax.com/

또 하나의 붕소의 역할은

Cell wall structure

Boron is involved along with calcium (Ca) in cell wall structure. Boron is involved in the movement of Ca into the plant and in normal Ca nutrition in plants and animals. There is a similarity between bone development in animals and cell wall development in plants. For example, "hollow-heart" inpeanutscan occur when a shortage of boron limits Ca movement, normal cell wall development, and cell division.

해석: 세포벽 구조

붕소는 칼슘(Ca)과 함께 세포벽 구조에 관여합니다. 붕소는 식물로의 Ca 이동과 식물과 동물의 정상적인 Ca 영양에 관여합니다. 동물의 뼈 발달과 식물의 세포벽 발달 사이에는 유사점이 있습니다. 예를 들어, "hollow-heart" 시시한 것 붕소가 부족하면 Ca 이동, 정상적인 세포벽 발달, 세포 분열이 제한될 수 있습니다.

출처:https://www.borax.com/

붕소와 칼슘이 어린 열매에서 어떻게 작용 하는지를 잘 보여주는 벨기에의 BMS Academy의 자료를 인용합니다.

The quality and size of your fruits are important and decisive factors for the price you get for them. Let's take a closer look at the nutrients that determine the quality and size of the fruits.

How does a fruit actually develop? Understanding this process provides us with the keys on how to respond and improve it.

Fruit growth: a combination of 2 factors

Fruits develop in 2 phases:

● Intensive cell division: The fertilization of the flowers is followed by a period of cell division. This period is intense but quite short.

● Cell elongation: After the cell division, the period of cell growth starts. In fruit, we call this the cell elongation.

The final size of the fruits depends on both factors:

● The number of cells that is formed during cell division is the basis and creates the potential for large fruits.

● The more cells that can grow and swell in the second phase, the greater the final fruit size will be.

Which nutrients stimulate cell division and cell expansion?

Boron, calcium and potassium are the 3 nutrients that should not be absent during fruit formation. They each have a specific function.

BORON

● **Boron for good flower induction and flower formation**

First of all, the fruit must be formed correctly. It is therefore important that the plant has good and specially fertile flowers. Boron (along with calcium) plays here a leading role. It ensures that cell division proceeds in an orderly manner. Problems with the cell division during flower formation unfortunately has an direct effect on their quality.

Boron therefore ensures good flower induction and formation. As a result, the flowers will be of good quality and fertile, also due to the good quality of the pollen.

● **The positive effect of boron on the young fruits**

After the fertilization of the flowers, boron also stimulates the cell division of the young fruits. It prevents possible deformities and ensures homogeneous fruits. Boron will thus determine the final growth potential of the fruits.

● **Boron promotes the transport of calcium**

Boron guarantees fertile flowers and ensures that the fruits have sufficient seeds, in for example, pit fruit, such as apple and pear. These seeds in turn produce plant hormones that stimulate and facilitate the transport of calcium to these fruits. Why calcium is important for the fruits you can read further in this blog.

● **Boron facilitates the transport of sugars**

Boron plays, just like potassium (see below), a role in sugar transport towards the fruits. How?

● It improves the membrane permeability making it easier for the sugars to end up in the phloem.

● In addition, boron also forms complexes with sugars specifically to improve the evacuation of these sugars from the leaves to the fruits. This makes the fruits sweeter.

CALCIUM

● Calcium for strong cell walls

We mentioned earlier that calcium together with boron assures that the cell division in the flowers and the fruits proceed correctly.

In addition, it is important to incorporate calcium into the cell walls of the newly formed cells during the period of cell division. It ensures strong and elastic cell walls. The cells will then be stronger during cell elongation and remain intact, ensuring the fruit quality.

POTASSIUM

● **Potassium is very important for cell growth.**

To illustrate the importance of potassium, a small technical clarification: Potassium stimulates the formation of a large central vacuole. This is a compartment in the cytoplasm of the cell that is enclosed by a membrane. The vacuole can take up to 80-90% of the cell volume. The formation of this vacuole determines the final size of the cells and thus also of the fruits. Potassium promotes the accumulation of dissolved substances in this vacuole, so that it can swell by osmotic pressure.

● **Potassium also facilitates the transport of sugars**

Another important function of potassium: it facilitates the transport of sugars. Potassium ensures that all the metabolites as a result of the photosynthesis in the leaves, end up in the phloem, so that they can move easily to the fruits.

● **Finally, potassium is also important for good coloring.**

출처: https://chelal.com/ (bms 아카데미)

해석: **과일의 품질과 크기는 당신이 받는 가격에 중요하고 결정적인 요소입니다. 과일의 품질과 크기를 결정하는 영양소를 자세히 살펴보겠습니다.**

과일은 실제로 어떻게 발달할까요? 이 과정을 이해하면 이에 대응하고 개선하는 방법에 대한 열쇠를 얻을 수 있습니다.

과일 성장: 2가지 요소의 조합

과일은 2단계로 발달합니다.

● 집중적인 세포 분열: 꽃의 수정 후 세포 분열 기간이 이어진다. 이 기간은 강렬하지만 매우 짧다.

● 세포 신장: 세포 분열 후 세포 성장 기간이 시작됩니다. 과일에서는 이것을 세포 신장이라고 부릅니다.

과일의 최종 크기는 두 가지 요소에 따라 달라집니다.

● 세포 분열 동안 형성되는 세포의 수가 기초가 되며 큰 과일을 맺을 수 있는 잠재력을 만들어냅니다.

● 두 번째 단계에서 자라서 부풀어 오르는 세포가 많을수록 최종 과일의 크기도 커집니다.

어떤 영양소가 세포 분열과 세포 확장을 자극합니까?

붕소, 칼슘, 칼륨은 과일 형성 중에 없어서는 안 될 3가지 영양소입니다. 각각 특정 기능이 있습니다.

붕소

● 좋은 꽃 유도 및 꽃 형성을 위한 붕소

우선, 과일은 올바르게 형성되어야 합니다. 따라서 식물에 좋고 특별히 비옥한 꽃이 있는 것이 중요합니다. 붕소(칼슘과 함께)는 여기서 주도적인 역할을 합니다. 세포 분열이 질서 있게 진행되도록 보장합니다. 불행히도 꽃 형성 중 세포 분열에 문제가 있으면 품질에 직접적인 영향을 미칩니다.

따라서 붕소는 좋은 꽃 유도와 형성을 보장합니다. 그 결과, 꽃은 좋은 품질이고 비옥할 것이며, 이는 또한 좋은 품질의 꽃가루 덕분입니다.

● 어린 과일에 대한 붕소의 긍정적 효과

꽃이 수정된 후, 붕소는 또한 어린 과일의 세포 분열을 자극합니다. 이는 가능한 기형을 예방하고 균질한 과일을 보장합니다. 따라서 붕소는 과일의 최종 성장 잠재력을 결정합니다.

● 붕소는 칼슘의 운반을 촉진합니다

붕소는 꽃이 비옥하게 자라고 과일에 충분한 씨앗이 있도록 보장합니다. 예를 들어 사과와 배와 같은 과일의 경우입니다. 이 씨앗은 차례로 식물 호르몬을 생성하여 이 과일로의 칼슘 수송을 자극하고 용이하게 합니다. 과일에 칼슘이 중요한 이유는 이 블로그에서 더 자세히 읽을 수 있습니다.

● 붕소는 당의 운반을 용이하게 합니다.

붕소는 칼륨(아래 참조)과 마찬가지로 과일로의 당 수송에 역할을 합니다. 어떻게?

● 세포막의 투과성이 향상되어 당분이 체관으로 이동하기 쉽습니다.

● 또한 붕소는 특히 잎에서 과일로의 당 배출을 개선하기 위해 당과 복합체를 형성합니다. 이는 과일을 더 달콤하게 만듭니다.

칼슘

● 강한 세포벽을 위한 칼슘

앞서 언급했듯이 칼슘과 붕소는 꽃과 과일의 세포 분열이 올바르게 진행되는 데 도움이 됩니다.

또한 세포 분열 기간 동안 새로 형성된 세포의 세포벽에 칼슘을 통합하는 것이 중요합니다. 이는 강하고 탄력 있는 세포벽을 보장합니다. 그러면 세포가 세포 신장 중에 더 강해지고 그대로 유지되어 과일 품질을 보장합니다.

칼륨

● 칼륨은 세포 성장에 매우 중요합니다.

칼륨의 중요성을 설명하기 위해 간단한 기술적 설명을 하겠습니다.

칼륨은 큰 중앙 액포의 형성을 자극합니다. 이것은 세포질의 구획으로 막으로 둘러싸여 있습니다.

액포는 세포 부피의 최대 80-90%를 차지할 수 있습니다. 이 액포의 형성은 세포의 최종 크기를 결정하고, 따라서 과일의 크기도 결정합니다.

칼륨은 이 액포에 용해된 물질이 축적되는 것을 촉진하여 삼투압에 의해 부풀어 오를 수 있습니다.

● 칼륨은 또한 당의 운반을 용이하게 합니다.

칼륨의 또 다른 중요한 기능은 당의 운반을 용이하게 한다는 것입니다. 칼륨은 잎에서 광합성으로 인해 발생하는 모든 대사산물이 사부로 이동하여 과일로 쉽게 이동할 수 있도록 합니다.

● **마지막으로, 칼륨은 좋은 색상을 만드는 데에도 중요합니다.**

이정도면 어느 정도 이해 했을거 라고 봅니다 이런 역할을 하기 때문에 목면 시비가 중요하다고 하는 겁니다.

좀 많은 지면을 활용해서 목면시비 분야를 설명하는 것을 이해해 주십시오.

목면시비 요령

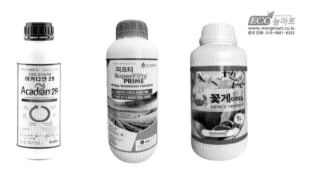 <!-- dots decoration top right -->

물 500리터에 붕산 500g 황산아연 500g 질산칼슘 500g

아미노산 1리터(농약 혼용 가능: 저는 다이센엠을 씁니다)

침투제와 같이 혼용해서 개화 전 20일 전에 나무 전면에 살포

2회차

물 500리터 붕산 500g 황산아연 500g 질산칼슘 500g(최대 1.5kg: 나무의 수세나 년수에 따라서 가감 즉 7년 넘은나무는 1.5kg) 아미노산 1리터(농약과 혼용가능: 저는 델란을 씁니다)

1차 살포 후 10일 후 살포

앞에서 말했듯이 세균성 박테리어 캥거(수지병)가 많은 농가나 세균성 병이 의심되면 옥시 클린이나 옥솔린산을 혼용 하세요.

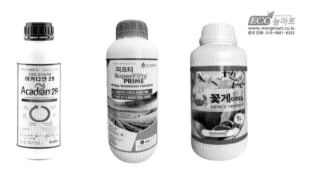

아미노산제제

제가 사용하는 아미노산 제품들입니다.

이 제품들은 뿌리 발육을 좋게 하고 양분 흡수를 잘 하도록 하는 보조 재제들입니다.

목면시비 살충제

저는 2차 목면시비를 하면서 살충제도 같이 넣어서 한 번에 살포합니다.

아래 사진의 라이몬은 체리에 등록 되어 있지만 복숭아 순나방 약으로 등록 되어있습니다.

3종 노린재에 대한 16종 약제의 살충효과

약제 처리 후 4일째 기준으로 3종 노린재의 약충과 성충에 대해 90% 이상
의 살충률을 보인 약제는 16종의 실험 약제 중 8종이었다(Table 2). 화학그
룹별로 구분하면 유기인계(fenitrothion과 phenthoate)와 합성피레스로이게
(deltamethrin과 etofenprox)가 각각 2종이었고, 네오니코티노이드계가 3종
(clothianidin, dinotefuran, thiamethoxam), 곤충성장조절제인 norvaluron 1
종이었다. 이들 약제의 치사 속도를 LT50(h)값으로 비교해 보면(Table 3), 3
시간 이내에 해당하는 약제는 톱다리개미허리노린재에서 6종(fenitrothion,

phenthoate, etofenprox, clothianidin, dinotefuran, thiamethoxam), 썩덩나무노린재에서는 2종(fenitrothion, dinotefuran), 그리고 풀색노린재에서는 3종(deltamethrin, dinotefuran, thiamethoxam)이었다. Novaluron은 키틴생합성을 저해하여 살충효과를 나타내는 지효성의 대표적인 약제이다. 따라서 LT50값도 8개 약제 중 가장 컸으며, 톱다리개미허리노린재는 53.1, 썩덩나무노린재는 13.7 그리고 풀색노린재는 36.3이었다. 그리고 종간 치사속도 비교에서 톱다리개미허리노린재가 썩덩나무노린재와 풀색노린재에 비하여 빠른 것으로 나타났다.

출처: 썩덩나무노린재, 풀색노린재 및 톱다리개미허리노린재에 대한

16종 약제의 접촉독성 및 잔효성 충북대학교 식물의학과 국립식량과학원 남부작물부

LT50이란: **LT50**은 생물체가 독성 물질이나 스트레스 조건에 노출된 후의 중간 치사 시간(사망까지 걸리는 시간)입니다.

노린제 만이 아니고 기타 살충 효과도 좋은 걸로 알려져 있습니다.

단지 노린제 약중에서 LT50 값이 가장 크게 나와서 저는 이걸 사용합니다.

물론 비펜트렌도 좋습니다 만 그약은 초파리 잡는데 사용할 거라 차후에 사용합니다.

체리에 노블루론은 순나방약으로 등록되어있으며 노블루론이란 이름의 농약은 몇가지 있으니 참고하세요.

첫 꽃 필 때 방제

2012년경인 걸로 기억됩니다.

유과 균핵병이 심했는데 마땅한 약제가 없었죠.

즉 체리에 등록된 약이 없어서 함부로 약을 할 수가 없었습니다.

그나마 등록된 약제 중에서 좋은 약제로는 (Difenoconazole) 디페노코나졸 수화제 10%인 푸르겐이 가장 좋은 약제였습니다.

지금이야 많은 농약들이 등록되어 있어서 외국에서 주로 사용하는 약제를 쓸 수 있어서 첫 꽃 필 때 푸르겐이라는 말이 많이 없어졌지만요.

방제부분의 모든 자료는 미국의 방제력 중 체리분야를 기준으로 만들어졌음을 알려드리며 이 방제력을 인용함에 감사를 드립니다.

미국에서 공식적으로 개화 직전에 사용하는 농약은 푸르겐이 아닙니다.

체리 농가에서 개화 직전에 유과 균핵병이나 잿빛 무늬병 예방제로 많이 사용하는 농약은 이프로디온(Iprodione(50%))입니다.

우리나라에도 여러 상표로 등록되어 있습니다.

인바이오이프로

벤프로디온

로데오

균사리... 등등

Disease management notes

The two major diseases of concern are brown rot and leaf spot.

Many fungicides are labeled for disease management at this time.

Rovral is recommended early, as use after petal fall is prohibited.

Vanguard is only labeled for tart cherries. Make the second and final application at full bloom.

출처: Midwest Fruit Pest Management Guide 2023-2024

해석: 질병 관리 노트

우려되는 두 가지 주요 질병은 갈색 썩음병과 잎 반점병입니다. 많은 살균제가 현재 질병 관리용으로 표시되어 있습니다. •Rovral은 꽃잎이 떨어진 후 사용이 금지되어 있기 때문에 일찍 사용하는 것이 좋습니다.

Vanguard는 타트 체리에 대해서만 라벨이 붙어 있습니다.

여기에서 Rovral는 미국에 있는 이프로디온 농약 상표입니다.

이 농약은 개화 직전에 한 번만 사용해야 합니다.

보증 성분도 강하고 약효도 30일이상 가기 때문에 한 번만 사용하십시오.

- Fungal protection for potatoes, vegetables, grapes, fruit trees and nuts: almonds.
- The only fungicide in FRAC Group 2.
- Defense against brown rot blossom blight, white mold, shot hole, leaf spot, jacket rot and bunch rot.
- Proven and dependable results in protecting the crop from disease during bloom.
- More robust than classic protectant fungicides as it combines protectant activity with some curative activity.

출처: ROVRAL®BRAND

해석: 감자, 채소, 포도, 과일나무 및 견과류(아몬드)에 대한 곰팡이 보호.

- FRAC 그룹 2의 유일한 살균제.
- 갈색썩음병, 꽃마름병, 흰곰팡이병, 구멍병, 잎반점병, 재킷썩음병 및 송이썩음병에 대한 방어입니다.

● 개화 기간 동안 작물을 질병으로부터 보호하는 데 입증되고 믿을 수 있는 결과가 나왔습니다.

● 보호 활성과 일부 치료 활성을 결합하였기 때문에 기존의 보호 살균제보다 더욱 강력합니다.

미국이나 유럽 쪽에서도 이 농약으로 첫 방제를 하고 유과 균핵병에 관해서는 큰 문제를 일으키지 않고 있습니다.

왜 우리는 그토록 오랫동안 이 병균과 싸워야 했을까요?

첫 꽃 필 때 이프로디온

외국에서는 정석처럼 되어있습니다.

그래서 유과 균핵병에 관해서 크게 다루거나 설명하는 부분이 별로 없습니다.

우리나라 체리 재배에서는 엄청 큰 병명을 차지하고 어떻게 하면 유과 균핵병이 안 오는 가를 다들 고민하고 있을 뿐 입니다.

이 농약으로 유과 균핵병의 공포에서 벗어나길 진심으로 바라 봅니다.

체리 꽃이 만개 하면 살균제를 하시는 분들이 있습니다.

그러면 유과 균핵병이 안 온다고 만개시에 하시는 분들을 봤습니다.

저는 권하지 않습니다.

개화시에 할수있는 농약이 몇 종류 있습니다만 아주 저독성으로 만들어져 있으며 가격은 엄청 비쌉니다.

그런 종류라야 개화기에 할 수 있거든요.

저는 만개시에는 아무것도 하지 마라고 합니다.

체리는 수정이 엄청 까다로운 작물입니다.

수정 시기에 날씨 변화에도 엄청 예민합니다.

그런 작물에 꽃이 만개 했는데 살균제를 한다는 건 그 민감성을 건드려서 수정능력을 더 떨어뜨리는 작용을 할 수가 있습니다.

꽃이 많이 피면 물을 주세요.

양분 이동력이 좋으면 수정 능력이 더 좋아집니다.

미국에서 개화 시기에 주는 농약은 국내 상표명 으로는 레빅사가 유일합니다.

하지만 우리나라는 아직 체리에 등록 되어 있지도 않으며 미국에서도 날씨변덕이 심하면 개화 시기에는 농약을 하지 마라고 되어 있으니 참고하십시오.

첫 방제

꽃잎이 모두 날리면
첫 방제를 하십시오

●●●

이미 국내에는 많은 농약들이 등록되어 있으니 잿빛 무늬병과 잿빛 곰팡이병이 체리에 등록된 약제를 선택하여 살포하십시오.

이 시기에는 살충제도 혼용해서 해야 합니다.

이때의 살충제는 외국의 경우는 세빈을 많이 합니다.

하지만 국내에서는 카바메이트 계열의 농약은 아직까지는 체리에 등록 되지않아서 노린재나 벌레에 오랫 동안 약효를 남기는 카바메이트 계의 농약은 사용하지 않고 있습니다.

푸르겐 말고도 실바코나 에이플 등 많습니다.

단 어린 열매에 주어서 약해가 나오지 않는 농약이 좋습니다.

저는 에이플 플러스와 프로큐어(Cyantraniliprole 사이안트라닐리프롤 유제 5%)a를 줍니다. (상표가 다를 수 있으니 참고 하세요)

프로큐어가 없으면 데스플러스를 사용하십시오.

데시스나 데스 플러스나 같은 농약입니다.

미국의 자료에는 머쿠리 슈퍼와 레빅사도 같은 효과를 내는 약이면서 첫 방제에 사용하는 약이나 국내에서는 아직 등록된 거는 에이플 플러스가 그나마 좋은 제품으로 나와 있습니다.

만약 머큐리 수퍼나 레빅사가 등록 된다면 머큐리 슈퍼나 레빅사를 사용하십시오.

혹시 노린제가 너무 많아보인다 하실경우 데스플러스를 두 배로 넣으시면 잘 잡습니다.

꽃잎이 날리고 첫 방제 시기에 무조건 인산 가리를 같이 혼용해야 합니다.

인산 가리중에 효소화 된 인산 가리가 있으면 이걸 쓰시면 더 좋습니다

외국에서는 이때 GA3를 처리하는곳도 있으니 포미나나 비대원처럼 Ga3가 함유된 생장조절제를 사용 하실거면 이때 같이 주시면 됩니다.

인산 가리가 효소화 된게 없으면 만드시면 됩니다.

10리터의 물에 인산가리(수용성)1.5kg을 넣고 120효소 또는 양명원을 125cc(ml)를 넣어서(cc 또는 ml를 재는 작은 그릇이 없으면 종이컵 하나) 하루밤을 놓아 두셨다가 이걸 500리터 물에 농약과 혼용해서 살포하는 방법이 집에서 만드는 방법입니다.

위의 두 제품 중 하나를 늘 집에 비치해 두십시오. 이 두 제품은 응급용 상비약으로 집에 두셨다가 본인이 약을 잘못 했거나 비료를 잘못해서 과잉 증상이 발현 될때 이 제품과 앞에서 설명드린 아미노산 제품중 한가지를 정량대로 넣고 이상 증상이 있는 나무에 하루에

한 번씩 3회를 해주시면 금방 회복하는 경우가 많습니다.

일단 이걸로 만들어서 사용하실 분들은 사용 하시고 구매해서 사용하실 분들은 구매해서 사용하십시오.

저도 구매해서 사용합니다.

효소화된 인산가리

효소화된 제품의 특징은 적은 량을 사용하게 되어있다는겁니다.

왼쪽의 불템 플러스도 마찬가지입니다.

인산가리를 효소화 시킨 비료로서 20리터 물에 5cc만 사용해야 합니다.

500리터의 물에는 125cc(ml)이니 작은양을 사용해야지 많이 사용했다가는 작물이 아예 안자라 버리는 경우도 있으니 정량을 사용하십시요.

단가는 위의 효소 제품 보나 비쌉니다.

제가 살때는 10만원 정도 였으니 지금은 조금 더 올랐을 겁니다.

그래도 살 때는 비싼 제품이지만 사용할때(500리터 9차)는 저렴한 제품이 된다고 말을 합니다.

이 제품을 두 번째 방제 시에도 같이 혼용합니다.

첫 방제 시 주의사항

첫 방제 시에는 무조건 안개 분무를 하십시요.

만약 ss기를 이용 하신다면 첫 방제와 두 번째 방제까지는 송풍기를 사용하시면 안 됩니다.

그냥 분무기만 사용해서 살포하십시오.

발효 인산가리

국내에서는 발효 인산가리를 잘 사용하지 않지만 외국에서는 특히 일본에서는 자주 사용 한다는 기록이 있습니다.

국내에도 발효 인산가리가 있어서 사용하신 분들의 후기가 좋아서 올려드리니 사용을 하실분들은 잘 응용해 보시면 좋을 겁니다.

저는 비비풀 대용으로 이 제품을 사용합니다.

이 제품은 인터넷이나 일반 농약 방에서 구입이 쉽지 않아서 저는 이원 농자제 마트에서 구입을 합니다.

일본에서의 자료를 보면 국내에 있는 생장 조절제 비비풀과 맞먹을 정도의 효과 또는 어떤 농가는 더 좋다는 농가도 많습니다.

흡수율이 좋아서 너무 과 하게는 사용하지 마십시요.

앞쪽의 불템 플러스하고 잘 응용해서 사용 하시면 좋은 효과를 보실겁니다.

생장 조절제 체리에 적용 시키는 법

체리의 꽃잎이 탈피를 하고 열매가 콩알보다 작은 상태 즉 꽃잎이 날리면 체리의 첫 방제 시기가 됩니다.

이때 생장 조절제를 사용하는 농가들이 많습니다.

포미나. 비대원. 드림 빅은 지베렐린 제품으로 GA4+7이 함유 되어 있으며 6BA를 함유한 제품입니다.

지베릴린과 사이토키닌이 같이 함유된 제품이라고 보시면 됩니다.

지베릴린은 1926년 일본에서 벼의 키다리병을 연구하던 중 발견된 물질로 자연에서 생성 및 실제 작용하는 지베렐린은 GA1, GA3, GA4, GA7 등이 있습니다.

이 지베릴린은 작물의 세근(가는 뿌리)에서 생성되서 줄기 신장 ,발아 ,휴면, 꽃의 개화 및 성장, 잎과 과일의 노화 등 식물 생장을 조절하는 물질로 알려져 있습니다 정부 우세성과 즉 옥신과 반대로 작용하며 특히 어린 과일 낙과에는 이물질이 부족하면 잘 온다는 속설이 존재합니다.

이 물질과 같이 사이토 키닌은 에틸렌과 반대 작용을 하는 물질로 알려져서 사과의 생리적 낙과를 줄이는 데 많이 사용하며 엔비 사과의 초기 동녹 발생을 억제하는데도 사용합니다.

생리적 낙과란 작물의 어떤 스트레스(물 부족, 물 과습, 양분 부족, 햇빛 부족 등)로 인한 에틸렌 생성으로 어린 열매나 성숙기에 다다른 열매가 갑자기 낙과되는 현상을 말하는데 여기에 함유된 사이토키닌 이라는 물질은 이 에틸렌 생성을 억제 한다고 알려져 있습니다.

흔히 알려진 안티폴은 **강력한 옥신 작용에 의하여 과실 과경부의 탈리 층 형성을 억제하여 낙과 방지 효과를 나타내는 옥신계 작용 물질로 사이토 키닌(에틸렌 억제)와는 상관없**

는 제품입니다.

안티폴은 옥신계의 물질로 질소를 질을 정부로 보내서 깔이 잘나게 하는 역할을 하고 쓰가루에는 효과를 보신 분들이 많으나 홍로에서 큰 효과를 못보신 분들이 많다고 알려져 있습니다.

저는 개인적으로 생장 조절제를 사용한다면 위에 제품보다는 트리거비를 사용할 것입니다. (뒷 부분에서 자세히 언급 하겠습니다)

비비풀은 프로헥사디온 칼슘 제품으로 지베릴린 생 합성을 억제하는 하여 신초 생장을 억제한다고 나와 있습니다.

본 연구는 우리나라에서 가장 많이 재배되고 있는 체리 '좌등금' 품종에 항지베렐린계 생장억제제인 Prohexadione-Calacium과 Paclobutrazol을 이용하여 체리의 신초생장을 억제하여 효율적인 생산성을 높이고 과실품질을 향상시키기 위한 기초 자료를 얻고자 시험을 한 결과를 요약하면 다음과 같다. 결실수에 대한 Prohexadione-Calacium을 150, 200 및 250mg · L-1 농도로 각각 정단부에 처리 후 신초의 생장량을 측정한 결과 모든 처리구에서 무처리에 비해 신초 생장이 억제 되었으며, 처리 간에는 200mg · L-1에서 억제효과가 가장 높았다. 또한 처리구 모두 엽록소 a와 b 함량이 증가되었거나 증가

되는 경향을 보였다. 그러나 과실의 특성(과실크기, 당도, 산함량 및 경도) 은 무처리와 차이가 없었다. 유목에 대한 Prohexadione-Calcium 수관살포(3 회)와 Paclobutrazol 토양관주(1회) 처리한 후 신초 생장반응은 두 처리 모두 무처리에 비하여 높은 신초생장 억제를 보였고 약제간에는 Prohexadione-Calcium의 신초생장 억제효과가 더 높았으며 Paclobutrazol 토양관주 처리 에서는 간주 생장이 억제되는 경향을 보였다. 또한 Prohexadione-Calcium 과 Paclobutrazol 처리 모두 절간 수의 차이가 없었으며, 무처리에 비하여 엽 면적이 억제 되었고, 엽록소 a와 b의 함량 모두 높은 결과를 보였으며 특히 Prohexadione-Calcium 처리구에서 엽록소 함량이 더욱 높고 잎의 두께가 두 꺼웠다.

출처: Prohexadion-Calcium이 체리 '좌등금'의 신초생장 억제에 미치는 영향

이세욱, 남은영, 윤석규, 신용억, 정재훈, 강희경, 윤익구

CONCLUSIONS

A foliar application of P-Ca at 150 mg L-1 when shoots are ca. 15 cm long controls shoot growth, with an increased effect when the application is repeated 15 days later. A second application after harvest was not effective in reducing shoot growth.

P-Ca treatments generally increased the number and size of flower buds and the number of floral primordia per bud, advancing the development of floral buds primordia.

With regards to fruit quality, P-Ca treatments increased fruit firmness but not SSC and fruit size.

출처: Effect of Prohexadione Calcium on Vegetative and Reproductive

Development in Sweet Cherry Trees J. Cares, K. X. Sagredo and T. Cooper

해석: 결론

싹이 약 15cm 길이일 때 P-Ca를 150mg L-1의 잎에 살포 하면 싹의 성장이 조절되고, 15일 후에 살포를 반복하면 효과가 증가합니다.

수확 후 두 번째 살포는 싹의 성장을 줄이는 데 효과적이지 않았습니다.

P-Ca 처리는 일반적으로 꽃봉오리의 수와 크기를 증가시키고, 꽃봉오리당 꽃원기(primordia)의 수를 증가시켜 꽃봉오리 원기 (primordia)의 발달을 촉진합니다.

과일 품질과 관련하여, P-Ca 처리는 과일의 단단함을 증가시켰지만, SSC와 과일 크기는 증가시키지 않았습니다.

이런 논문의 결과로 봤을 때 체리재배에 활용 할 수 있는 방법은 체리 나무 신초가 15cm 이상 자랐을 때 200ml 한병하고 반 병을 더 넣어서 (500리터 물에) 살포해 주면 효과는 있다고 나옵니다.

처리 시기는 본인이 방제 전에 미리 나무의 수세를 보고 두 번째 방제나 세 번째 방제를 할때 적용하십시오.

저는 500리터의 물에 한병을 넣고 신초 성장이 15~20cm 정도 일때 농약과 혼용하지 않고 단독으로 처리합니다.

신초 성장력이 가장 왕성한 길이를 봅니다.

하지만 체리에는 공식적으로 등록은 되어 있지 않으니 재배자의 판단에 의해서 사용하십시오.

외국에서는 이 제품은 화상병 방제 제품으로 많이 사용합니다.

꽃은 피었는데
수정이 안 된 것 같아요

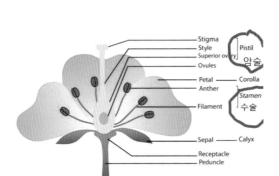

암술만 확대하면 이런 형태로 수정이 이루어집니다.

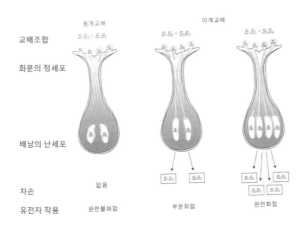

체리는 속씨 식물로서 중복 수정이 이루어집니다.

여기서 중복 수정이란 한 번의 수정으로 두 번의 수정이 이루어진다고 생각하시면 됩니다.

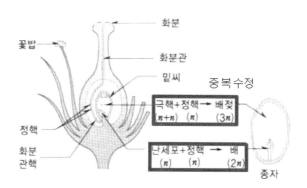

더 이해하기 쉽게 이야기 하면 화분이 이루어지면 하나는 과일의 살을 만드는 배젖이 되고 하나는 씨앗을 만드는 배가 된다는 겁니다.

즉 한 번에 두 가지의 수정이 이루어지는걸 중복 수정이라고 한다고 이해 하시면 됩니다.

모든 과수의(속씨식물) 수정은 똑 같습니다.

화분을 벌이 가지고 가다가 암술에 묻으면 먼저 이루어지는 수정이 과일의 살을 만드는 배젖이 수정되어 움직입니다.

그 다음이 씨앗을 만드는 과정인데 이때 씨앗이 만들어 지지 않으면 수정 불량이 되는 겁니다.

위 사진은 중복 수정중에 씨앗을 만드는 수정이 안되서 핵이 없는 모습입니다.

체리 같은 핵과류들은 이런 과일 많이 열립니다.

이런걸 단위 결과라고 합니다.

이 상태로 잘크는 열매도 있지만 낙과도 잘됩니다.

단위 결과란: 속씨 식물에서 수정/수분 없이도 과실이 발달하는 것이다. 즉 수정이 되지 않았는데 어떤 자극에 의하여 씨방이 발달하여 씨가 없는 열매가 생기는 현상이다. 어떤 자극에는 옥신계 생장조절물질이 사용되기도 한다.

자연 상태에서는 파인애플 따위에서 발생하고 인공적으로는 포도 따위에서 나타나게 할 수 있다.

하지만 단위 결과로 맺는 과일은 낙과율이 심합니다.

특히 어린 나무에서 꽃이 많이 피면 모든 꽃이 열매가 될 것으로 인식하신 분들이 낙과를 보면 깜짝 놀라십니다.

4년생의 체리 나무는 낙과율이 심합니다.

특히 펜던트 형의 나무들은 4년생은 아직 생식 생장 전환이 안된 품종들로 5년 이후에나 생식 생장으로 전환이 가능합니다.

더군다나 우리나라 기후 조건에서 4년생이 10~20kg의 열매가 열리면 다음 해에 그 나무는 이유 없이 죽을 확률이 높습니다.

만약에 정말 4년생부터 수확을 원하시면 영양 관리와 수분 관리 스트레스 안주기등 많은 노력을 기울여야 합니다.

수정 불량은 4년생 체리에서 많이 나오는 이유는 첫째는 거의 모든 열매가 주지 또는 부주지에서 열린다는 겁니다.

이곳에는 옥신 호르몬이 가장 왕성하게 활동하는 가지입니다.

즉 영양 성분의 이동이 너무 빨리되는 곳이라 겁니다.

그 만큼 영양 성분의 이동이 빠르다 보면 열매가 수정이 되더라도 지베릴린을 축척하고 사이토키닌을 함유할 시간적 여유가 없이 열매에 영향을 미치는 호르몬을 전부 우세성의

성질이 강한 체리 나무는 전부 옥신에게 뺏겨 버린다는 겁니다.

이 주장이 영양 성장 단계라고 식물학에서는 이야기합니다.

이 단계를 지나야 생식 생장으로 전환이 되는데 생식 생장으로 전환된 품종들의 특성은 결과지가 많이 나와 있고 거기에 화속이 달려있는걸 눈으로 보게 된다는 겁니다.

체리는 품종별로 차이는 있습니다.

직립종의 품종인 라핀이나 부룩스 같은 경우는 화속의 길이로 판단하고 펜덴트형의 버건디펄이나 애보니펄은 결과지의 숫자로 본다고 나와 있습니다.

주지나 부주지에 열리는 나무는 이런 현상(자식현상도 마찬가지)이 심해서 왜성 대목을 이용해서 생식 생장 단계로의 전환을 빨리 시키는 거라고 보시면 됩니다.

미국에 극 왜성 대목이 많은 이유가 빙(big)이라는 품종이 식재후에 이런 현상이 엄청 심해서 왜성 대목이 있다면 무조건 수입하는 나라가 된 걸로 보시면 됩니다.

준드럽(cherry jun drop)도
수정불량인가?

준 드럽과 수정의 상관 관계는 아직 명확하게 밝혀진 게 없습니다.

초기 낙과부터 후기 낙과까지 더군다나 씨앗도 전부 들어있는 상태에서도 준드럽은 생깁니다.

그래서 생리적 낙과라고 합니다.

원인은 여러 가지입니다.

외국에서는 생리적 낙과를 어떻게 생각하고 있을까요?

가장 일반적인 잡지책에 나온 이야기입니다.

Why does my cherry tree drop its fruit?

There are severalreasons **why cherry tree drop its fruit,** being worrying to see how the cherries dry up on the tree and fall to the ground.

Although it is usually due to the non-application of phytosanitary treatments at the right time. There are other situations that are difficult to control by the farmer that can affect and cause the cherries to rot, dry out, or fall to the ground.

Why cherry trees dropping fruit?

There are several reasons why cherry trees dropping fruit to the ground. This may or may not be a problem, depending on the situation.

For example, even with the cherry trees perfectly cared for, with their subscribers, pruningand phytosanitary treatments, if the conditions are favorable the cherry trees can go into "overload" This situation usually occurs inself-fertile cherry varietieswhen conditions during pollination are optimal and there is plenty of water on the floor. In these cases, the trees feel capable of initially producing a large number of fruits. However, they eventually bump into reality and there is a major drop of pea-sized cherries.

In a similar way to what happens with the **physiological fall** of the olive, orange, plum and other fruit trees. The cherry tree may need to throw an "alarming" number of cherries to the ground in order to get the rest out. of fruits.

During this fall, the tree usually throws the smallest cherries to the ground or those with **adefective fruit set,** leaving the best cherries on the tree.

In the case of the cherry tree, these cherries discarded by the tree usually turn reddish before falling to the ground.

출처: https://en.excelentesprecios.com/

해석: 왜 체리나무에서 열매가 떨어지나요?

벚나무가 열매를 떨어뜨리는 데에는 여러 가지 이유가 있는데, 특히 나무에 달린 벚나무 열매가 말라서 땅에 떨어지는 것을 보는 것은 걱정스럽습니다. 일반적으로 적절한 시기에 식물위생 처리를 하지 않기 때문입니다. 농부가 통제하기 어려운 다른 상황도 있는데, 체리에 영향을 미쳐 썩거나 말라죽거나 땅에 떨어지게 할 수 있습니다.

왜 체리나무에서 과일이 떨어지는가?

체리나무가 과일을 땅에 떨어뜨리는 데에는 여러 가지 이유가 있습니다. 상황에 따라 문제가 될 수도 있고 아닐 수도 있습니다.

예를 들어, 체리나무가 완벽하게 관리되고, 구독자, 가지치기 및 식물 검역 처리가 되어 있더라도 조건이 유리하다면 체리나무는 "과부하"에 빠질 수 있습니다. 이 상황은 일반적으로 수분 중 조건이 최적이고 바닥에 물이 많을 때 자가수정 체리 품종에서 발생 합니다. 이런 경우 나무는 처음에는 많은 수의 과일을 생산할 수 있다고 생각합니다. 그러나 결국 현실에 부딪히고 완두콩 크기의 체리가 크게 떨어집니다.

올리브, 오렌지, 자두 및 기타 과일 나무의 생리적 낙하와 비슷한 방식으로. 체리 나무는 나머지 과일을 꺼내기 위해 "놀라울 정도로" 많은 체리를 땅에 던져야 할 수도 있습니다.

이 가을에 나무는 대개 가장 작은 체리나 과일이 제대로 열리지 않은체리를 땅에 떨어뜨리고, 가장 맛있는 체리만 나무에 남겨둡니다.

벚나무의 경우, 나무에서 떨어진 벚나무 열매는 내개 땅에 떨어지기 전에 붉은색으로 변합니다.

수분 문제가 있는 자가 불임 및 강건한 나무, 체리의 이러한 감소는 과부하 수준에 도달할 필요 없이 볼 수 있습니다. 이런 식으로 체리는 생존 가능한 과일이 아니기 때문에 익기 전에 몇 주 동안 떨어집니다.

이것은 생리적인 낙과로 유과 균핵병과는 다릅니다.

우리는 유과 균핵병이라고 하지만 외국에서는 체리가 익어 가면서 썩는 거나 어릴 때 말라서 썩는거나 똑같이 갈색 썩음병(Brown rot)이라고 합니다.

일단 생리적 낙과 먼저 보겠습니다.

원래는 사과가 6월에 떨어지는 것을 칭하는 명칭이 준드럽입니다.

Cherry fruit drop

Quick facts

Common name: Cherry run off

Scientific name: None

Plants affected: Sweet cherries

Main symptoms: Much of the cherry crop falls from the tree before ripening

Main causes: Adverse weather in some seasons

Timing: Summer (before ripening)

간단한 사실

일반 이름: 체리 런오프

과학적 이름: 없음

영향을 받는 식물: 달콤한 체리

주요 증상: 체리 작물의 대부분이 익기 전에 나무에서 떨어짐

주요 원인: 일부 계절의

악천후시기: 여름(익기 전)

What is cherry fruit drop?

Many members of thePrunusgroup, such as apricots and almonds, shed fruit that they do not have resources to bear. This fruit drop can severely reduce the harvest. In Britain, the most common fruit to suffer is the sweet cherry and this is referred to as **cherry run off**.

● The extent of cherry run off varies from year to year, but can be significant for gardeners and growers alike

● In 2000 in the UK, for example, as much as 90 percentof fruit that initially set on sweet cherries was lost before maturity

● The severity of the drop also varies between geographical location (e.g. cherries in northern areas such as the UK or Norway, suffer more than those grown in the south of Europe or the USA) and within species (there is some preliminary data suggesting that some cherry rootstocks and varieties may be less affected)

It is worth noting that similar problems occur with other fruits, for example in apples the issue is known as June drop.

체리 과일 드롭이란?

살구와 아몬드와 같은 Prunus그룹의 많은 구성원은 열매를 맺을 자원이 없는 과일을 떨어뜨립니다. 이 과일 낙하는 수확량을 심각하게 줄일 수 있습니다. 영국에서 가장 흔히 피해를 입는 과일은 달콤한 체리이며 이를 **체리 런오프**라고 합니다.

● 체리 유출의 정도는 해마다 다르지만 정원사와 재배자 모두에게 상당할 수 있습니다.

● 예를 들어 2000년 영국에서는 처음에 달콤한 체리에 맺힌 과일의 90%가 성숙하기 전에 사라졌습니다.

● 감소의 심각성은 지리적 위치(예: 영국이나 노르웨이와 같은 북부 지역의 체리는 유럽 남부나 미국에서 재배되는 체리보다 더 큰 피해를 입음)와 종 내에서도 다릅니다(일부 체리 대목과 품종은 영향을 덜 받을 수 있다는 것을 시사하는 예비 데이터가 있음)

비슷한 문제가 다른 과일에서도 발생한다는 점에 유의해야 합니다. 예를 들어 사과의 경우 이러한 문제를 6월 낙하 현상이라고 합니다.

Causes

Recent research suggests that, in sweet cherry at least, a combination of climatic factors can be linked to heavier fruit drop. They include:

● Poor weather (and low light intensity) at blossom time

● Low temperaturesin the early stages of fruit development

● Fruit yields were lower following wet and cold autumns. This is presumably because the trees accumulated less energy reserves to support fruit growth in early spring (before the new leaves can supply sufficient resources)

● Further research suggests that when the leaves send insufficient 'food' (photosynthetic products) to the fruit this results in an imbalance in the **hormones** within the fruit and this leads to fruit drop

원인

최근 연구에 따르면, 적어도 달콤한 체리에서는 기후적 요인의 조합이 과일 낙하량 증가와 연관이 있을 수 있다고 합니다. 여기에는 다음이 포함됩니다.

● 꽃이 피는 시기에 날씨가 좋지 않음(그리고 빛의 강도가 낮음)

● 과일 생장 초기의 낮은 온도

● 과일 수확량은 비가 내리고 추운 가을에 따라 낮아졌습니다. 이는 나무가 이른 봄에 과일 성장을 뒷받침할 에너지 비축량이 줄어들었기 때문일 것입니다(새 잎이 충분한 자원을 공급하기 전)

● 추가 연구에 따르면 잎이 과일에 충분한 '음식'(광합성 제품)을 보내지 않으면 불균형이 발생한다고 합니다.

호르몬 과일 안에 있고 이로 인해 과일이 떨어집니다.

출처: East Malling Research에서

Dr Tijana Blanusa와 Dr Mark Else의 논문을 기반으로 작성됨

다른 자료를 봐도 마찬가지입니다.

첫째는 개화시에 햇볕 또는 날씨

두 번째는 호르몬에 의한 달립입니다.

우선 이 두가지를 채워 주십시오.

주의 사항(이 방법은 5년생 이상을 기준으로 삼은것 이므로 그것 보다 어린 나무에는 권하지 않으며 재배자의 판단에 의해서 시행하십시오.)

개화시에 날씨의 변수에
대응하는 방법

● ● ●

우리나라 봄 날씨의 변덕성이 예년에 비해 너무 심해졌습니다.

체리뿐만이 아니고 사과나 복숭아 자두 매실 등의 피해가 점점 심해집니다.

그래도 농업인은 최대한 우리가 할수있는 일은 해야 한다고 봅니다.

개화기의 변덕스런 날씨에 적용하는 첫 번째 방법은 햇볕을 주는 겁니다.

위 사진의 제품은 썬모아라는 제품입니다.

개화 직전에 농약에 혼용하여 살포해 주세요.

만개후 날씨가 변덕이 심하면 한 번더 살포하십시오.

이 제품은 이산화 티타늄 성분으로 그동안 가시 광선만 을 이용해 광합성을 하던 식물에게 자외선 까지 빛의 이용 영역을 넓혀줘 획기적으로 광합성 량을 증가시킬 수 있도록 하는 제품으로 알고 있습니다.

특히 자외선을 에너지원으로 하기 때문에 대장균, 녹농균, O-157, 메치시린 내성 황색

포도상구균 등뿐만 아니라 각종 식물성 병원균과 곰팡이를 분해하는 기능을 갖고 있다고 알려져 있으며 곰팡성 균류의 방제가가 거의농약에 버금갈 정도의 17%로 알려져 있어서 햇볕이 약하거나 이상 기후에 가장 적응력이 좋은 제품으로 알려져 있습니다.

저는 ss기로 살포를 하다 보니 단독으로 2회를 살포합니다.

9월에도 살포할 때가 있습니다.

나뭇잎의 상태가 좋지 않거나 병균이 침입하여 양분 흡수를 못할것 같으면 가을에도 살포합니다.

특히 장마철에 일주일 이상 연속으로 비가 오거나 온다고 하면 미리 뿌려주십시요

봄에 이상 기후일 때는 두 번 살포 하지만 효과가 길다는 이유로 월 1회만 살포합니다.

제가 봄에 올린 유튜브에서도 몇 번 이야기 했을 겁니다.

햇볕 좀 주세요.

햇볕을 주십시요.

인위적으로 햇볕을 줄 수 있는 제품이니 적기에 잘 사용 하셔서 좋은 효과 보시길 바랍니다.

두 번째는 호르몬을 만드는 방법입니다.

이 방법은 초기 낙과율을 낮추는 방법으로 아직 정식적인 논문은 발표되지 않았지만 제 나름되로 시행하는 방법이니 여러분들도 참고해 주십사 하고 말씀드립니다.

분명히 말씀 드리지만 되도록 이면 5년생 이후의 나무에 적용 하시면 좋다는 말씀을 드립니다.

지베렐린(Gibberellin, GAs)과 사이토키닌(cytokinin)나무 스스로 만들게 하는 방법입니다.

과실의 비대는 꽃이 피고 수정이 되면 시작되는데, 과실이 어린 유과기에는

비대속도가 아주 완만하다가 보통 적과 작업이 끝날 무렵부터 비대속도가 급속히 증가하며 성숙이 되고, 수확할 때는 다시 비대속도가 완만해진다. 과실은 수정과 동시에 세포분열을 하여 세포수를 늘리고 분열된 세포는 비대하는데, 이에 관여하는 식물생장조절제가 지베렐린과 사이토키닌이다.

식물생장조절제로서 일반적으로 가장 많이 이용되고 있는 지베렐린(gibbrellin)은 고등식물의 생장호르몬으로서 각종 과일이나 채소 등의 생장촉진, 무종자화, 숙기억제 등에 사용되며, 지베렐린 A(gibbrellic acid, 이하 GA라 한다)1 ~ GA13을 포함하여 100 여종이 넘는 이성체를 갖는 복잡한 물질이며, 이 중에서 GA3, GA4의 생장촉진효과가 가장 큰 것으로 알려져 있다.

사이토키닌(cytokinin)은 모든 사이토키닌류의 주축인 퓨린계 화합물인 아데닌에서 유래한 물질이다. 대부분의 식물 호르몬 관련 문헌들은 사이토키닌을 세포생장 및 세포분화에 관여하는 사이토키네시스(cytokinesis)를 자극하는 화합물로 설명한다. 지베렐린이 과실을 종축으로 크게 하며 주로 세포를 비대시키는 역할을 하는 반면, 사이토키닌은 과실을 횡축으로 크게 하며 세포분열을 촉진하는 작용을 한다.

과일의 낙과는 에틸렌의 합성에 의해서 낙과가 된다고 흔히 알려져 있습니다.

에틸렌 호르몬은 양분 부족이나 날씨, 온도 등의 스트레스에 의해서 생성 되며 과일의 낙과의 주요 요인으로 알려져 있습니다.

에틸렌의 생성을 억제하는 물질은 사이토키닌입니다.

사이토키닌이 많이 함유된 물질을 투여 했을때 준 드럽이 80%이상 줄어 들었다는 보고서가 있습니다.

그래서 국내에서 사이토키닌 성분이 함유된 물질을 뒷 부분에서 알려드리겠습니다.

비비풀은 옥신의 항 생성제라는 말은 옥신 생성을 방해하는 물질이라는 말입니다.

그렇게 되면 호르몬으로 따지면 지베릴린이 생성된다는 겁니다.

사이토키닌도 마찬가지입니다.

항 에틸렌 호르몬입니다.

즉 사이토키닌이 많이 나오면 에틸렌 생성이 억제된다고 생각하시면 될겁니다.

국내 생장 조절제 시장에서 사이토키닌 제품을 찾기는 쉽지 않습니다.

지베릴린의 제품은 앞에서 설명 드린데로 몇 가지 있습니다.

사이토키닌 중에서 체리의 낙과에 관여하는 물질은 폴리아민으로 항 노화성 물질(노화를 막는 물질)로 알려져 있습니다.

채소류에는 폴리아민을 적용 시켜서 노화를 막는 연구가 요즘 한창 진행중이고 효과도 좋다는 논문을 많이 봤습니다만 아직 체리에는 적용된 사례는 드물고 해서 일반적인 사이토키닌의 성분이 가장 많은 물질을 찾아서 토양에 뿌려주는 방식으로 저는 진행을 합니다

원래 사이토키닌이 가장 많이 함유된 농업용 물질은 해조 추출물입니다.

해조추출물(seaweed extract powder)은 혹독한 자연환경에서 자라는 특수 해조류인 아스코필럼 노도섬(Ascophyllum nodosum)을 초저온(-50℃) 처리 가공하여 천연 그대로를 제품화한 영양이 풍부한 해조추출물로, 아스코필럼노도섬은 다른 해조류에 비하여 5~13배의 베타인(betaine)과 폴리아민(polyamine), 사이토키닌을 함유하고 있는데, 이는 일반 작물의 1000배에 해당한다. 베타인은 냉해, 건조, 과습, 염류장애, 가스장애 및 식물상처 등에 저항력을 높여주는 항스트레스 작용을 가지고 있으며 식물 면역활성제(elicitor) 기능으로 각종 병해에 대한 저항력을 높이고 인삼의 노랑병에 효과가 우수하다. 또한 폴리아민은 과수 및 과채류의 화아분화 및 수정을 촉진시켜 착과를 향상시키며 열과, 기형과, 공동과, 물찬과 발생을 억제하고 과실 크기를 균일하게 해 준다. 등숙기에는 당도증가, 비대촉진, 증수 및 품질향상효과를 발휘하여 저장성도 좋아지는 식물 생리기능 활력증진제 (biostimulants)이다.

해조 추출물 중에서 가장 좋은 효과는 아스코 폴로 노도섬이라는 해조류입니다. 흔히 어

디 섬을 이야기 하는줄 아시는 분들이 많은데 해조류의 이름이 아스코폴로 노도섬 입니다.

해산물을 잘 가공하면 위에서 설명드린 해조 추출물입니다.

저는 꽃게 아미노를 사용합니다.

이 제품은 꽃게로 만든 제품입니다.

이 제품을 2월이나 3월에 첫 관수를 할 때 물에 혼용해서 관주해 주십시오.

5톤에 10리터를 물통에 혼용하던지 양액기로 밀어 넣던지 해서 천펑에 관주해 주십시오.

이 용량은 최소단위로 나는 10톤을 관주 하는데 하시면 10톤 물에 혼용해서 관주해 주십시오.

무조건 첫 관주 하실때 해주시면 좋습니다.

왜 해조류를 관주해주는가?

가는 뿌리(세근) 발근을 촉진 시키기 위해서 사용합니다.

지베렐린과 사이토키닌은 나무의 세근에서 발현되어 위로 올라간다고 자료상으로나 이론적으로 알려져 있습니다.

감 나무를 보면 낙과율이 심한데 낙과율이 심한 나무 일수록 나무 주변에 세근이 없고 굵은 뿌리만 있다고 합니다.

그래서 저는 체리 나무에서 5년이 넘은 것들은 나무 주변에 잔 뿌리가 없으니 해조류를 주어서 잔 뿌리발생을 시키고자 이걸 사용합니다.

좋기야 아카디안29나 피프티가 좋습니다.

천평 정도의 농장이라면 피프티나 아카디안29를 쓰셔도 문제가 안될겁니다.

하지만 평수가 넓은 분들은 자금 투여가 많으니 망설여지실 겁니다.

옥천군 이원 묘목 농가에서 묘목 식재 후 뿌리 발근 잘 되라고 가장 많이 쓰는 제품이 꽃게 아미노라고 알고 있습니다.

이원 묘목 농가들이 추천하는 제품이니 농가들의 판단에 의해서 사용해 보십시오.

여튼간에 지베렐린이나 사이토키닌의 호르몬은 잔 뿌리에서 발현되어 열매로 간다는 걸 명심하시고 저는 이걸 응용해서 땅이 풀리는 즉시 꽃게 아미노를 관주해 줍니다.

위의 두가지 방법은 초기 낙과에 가장 효과적인 방법으로 알고 있습니다.

하지만 이 두가지 방법을 병행 했다고 해서 100% 낙과가 안된다는건 아닙니다.

어떤 전정을 했는지 어떤 양분이나 물 관리를 어떻게 했는지에 따라서 전혀 다른 결과가 나올수도 있음을 명심하십시오.

단 하나 봄에 나무에게 어떤 방법으로 해야 스트레스를 받지 않을지를 생각하시면 더 좋은 방법이 나올 수도 있다고 봅니다.

생장조절제를 이용하는 방법

In an experiment on 3 sweet cherries varieties (Sweet Heart, Sunburst, Lapins) to improve fruitset, the trees were sprayed with a mixture of (10 mg/l GA3, 10 mg/l NAA) with a week intervals, where the first spray was at the end of flowering, The results showed that fruitset percent was improved by at least 2 times compared with control.

Many researches and experiments indicated that repeated application of gibberellic acid (GA3) improved fruitset and reduced fruit drop of cherry trees in rainy years.

출처: Sweet Cherry (Prunus aviumL.) Fruit Drop Reduction by Plant Growth Regulators (Naphthalene Acetic Acid NAA and Gibberellic Acid GA3)

Ammar Askarieh1,Sawsan Suleiman2, Mahasen Tawakalna3

해석: 과일 맺힘을 개선하기 위한 3가지 달콤한 체리 품종(Sweet Heart, Sunburst, Lapins)에 대한 실험에서, 나무에 10 mg/l GA3, 10 mg/l NAA의 혼합물을 일주일 간격으로 분무했으며, 첫 번째 분무는 개화가 끝날 때였습니다. 그 결과, 과일 맺힘 비율이 대조군에 비해 최소 2배 이상 개선되었음을 보여주었습니다.

많은 연구와 실험에 따르면 지베렐산(GA3)을 반복적으로 처리하면 우기에 체리나무의 과일이 잘 맺히고 과일 낙하가 감소하는 것으로 나타났습니다.

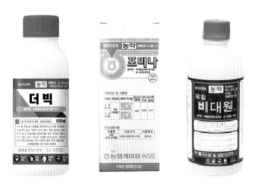

그나마 국내에서는 Gibberellin A4가 생장 조절제로 판매되고 있으니
실험해 보실 농가에서는 이용 해보시기 바랍니다.

사이토키닌이 함유된 제제

이 제제는 생장조절제가 아니고 호르몬 이라는 제품으로 판매하는 제품입니다.

국내에서는 트리거-비 라는 상표로 판매가 되더군요.

이 제품은 올리지 않을려고 했는데 몇일 전에 옥천에서 토론중에 이 제품 좀 알려달라고 해서 알려 드렸더니 문의가 많아서 수정하면서 뒤늦게 올려 드립니다.

이 제품은 에틸렌과 반대 방향으로 활동력이 나타나는 사이토키닌 성분이 들어있는 호르몬입니다.

즉 초기 낙과율이 심각한 과수에 적용하면 초기 낙과가 없어져서 수확량이 늘어난다는 제품입니다.

단 준드럽에서는 작동이 덜하다고 하니 참고하십시오.

두 번째 방제

첫 번째 방제 후 일주일 후에 저는 방제합니다.

위의 두 가지 제품을 사용하는 이유는 첫째는 유과 균핵병 방제입니다.

위의 제품이 정말 엄청 좋더라가 아닙니다.

미국에서는 레빅사 에이플 플러스 머큐리슈퍼 이세종류의 약제를 번갈아 사용하면 효과가 좋다고 나와 있지만 국내에서는 에이플 플러스 한 종류만 체리에 등록되어 있어서 어쩔 수 없이 두 번째로 권장하는 실바코를 같이 올려 드립니다.

살충제는 프로큐어 하고 주렁이 두 가지만 번갈아 가면서 사용하셔도 됩니다.

미국에시는 다른 약제도 등록되어 있지민 국내에시는 등록된것 중에서 가장 좋다는 기는 위의 두 가지입니다.

다음으로 좋다고 알려진 약제는 토리치입니다.

저는 두 번씩 반복하여 사용합니다.

저는 그나마 쓸만하다고 알고있고 병해를 잘 막는다고 알고있어서 사용합니다.

세 번째 방제

저는 이때 푸르겐을 합니다.

살충제는 이때 미국에서는 토리치를 사용 하라고 합니다.

초 파리에 잘 듣고 파리 종류도 잘 없앤다고 합니다.

이 약이 없으면 이때부터 비펜트렌인 캡처를 사용하십시요.

초파리 부분에서 설명 드릴 건데 비펜트렌은 초파리도 잘 잡는다고 나와 있습니다.

미국에서는 그다지 효과를 못보지만 국내에서는 효과가 좋다고 합니다.

초파리 부분은 네 번째 방제에서 더 자세히 다루겠습니다.

열과 예방은
어떻게 하는가

●●●●

세 번째 방제 때부터 열과 예방을 하시는 게 좋습니다.
저는 이때 규산을 넣습니다.

1. 수도작에서 규산비료를 웃거름으로 시용할 경우 벼 엽색이 연녹색이거나 노랑색인것이 규산효과가 잘 나타난다고 하던데 어떤 기작에 의해서 이러한 현상이 나타나는 것인가요?

○ 규산비료를 시용하면 벼의 규산흡수량이 증가되어 벼 식물체 중 규질비(규산/질소 비율)가 높아집니다.

○ 이와 같이 규질비가 높아지면 질소함량이 낮아지므로 규산비료를 시용한 후 엽색이 노랗게 변하는 것은 체내 질소성분을 낮추었기 때문에 나타난 현상입니다.

즉 규소는 질소흡수를 억제시키는 작용이 있습니다.

2. 일반 비료와 같이 시용할 경우 질소의 흡수에 영향이 있나요?

○ 규산질비료는 규산성분과 석회성분이 주종을 이룹니다. 따라서 규산질비료와질소비료를 혼용하면 석회성분 때문에 질소성분이 날아갑니다(휘산). 따라서 봄에 규산질비료를 시용할 경우 밑거름 주기 2주 전까지는 뿌려주는 것이 효과적입니다. 이외의 비료 성분과는 큰 관계가 없습니다.

○ 또한 수용성 규소는 규소성분만을 추출하였기 때문에 이러한 작용을 하지

않습니다. 다만 수용성 규산은 pH가 높기 때문에 다른 약제(병, 해충약)와 혼용하면 약해를 받기 쉽습니다.

출처: 농사로

흔히 시중에 유통되는 액상규산은 농사로에서 말한 PH가 높은게 맞습니다.
그래서 비료업자들이 만들어낸 규산이 오르토 규산(sio4)입니다.
국내에서도 요즘에는 오르토 규산을 많이 사용합니다.
PH가 1.5 정도로 약해가 거의 나지않는 제품들이 많습니다.

SilicaPower

SilicaPower is a biostimulant. Silicon(orthosilic acid) strengthens the cell walls and the epidermis of the leaf. The high concentration of Si in this product is easily absorbed by the plant. SilicaPower is the purest silicon biostimulant on the market; no salts added!

실리카파워

SilicaPower는 생체 자극제입니다. 실리콘(오르토규산)은 잎의 세포벽과 표피를 강화합니다. 이 제품의 고농도 Si는 식물에 쉽게 흡수됩니다. SilicaPower는 시중에서 가장 순수한 실리콘 생체 자극제입니다. 소금을 첨가하지 않았습니다!

And specifically in **fruit growing**(pome and stone fruit): SilicaPower strengthens the natural resistance of your fruit trees and the firmness of the fruit.

해석: 특히 **과일 재배**(과일과 핵과)에 효과적입니다. SilicaPower는 과일나무

의 자연적인 저항력과 과일의 단단함을 강화합니다.

출처: https://www.plantosys.com/en/

위키피디아(위키사전) 자료를 보면

중금속 독성, 염도와 같은 비생물적 스트레스를 완화하여 수확량이 증가할 수 있습니다. 또한, 오르토규산의 적용은 식물의 곰팡이 감염 및 질병을 감소시키는 것으로 입증되었으며, 이는 안정화된 오르토규산을 기존 질병 관리 조치에 대한 대안 또는 보완책으로 사용할 가능성을 시사합니다. 오르토규산이 비생물적 스트레스를 완화하고 질병을 제어하는 메커니즘은 잘 이해되지 않았습니다.

출처: https://en.wikipedia.org/wiki/Main_Page

저는 이런 이유로 규산을 사용합니다.

국내에서 판매되는 오르토 규산 제품들은 현재 국내에서는 오르토 규산이 수입해서 상표를 국내산으로 만들어 판매를 하고 있으며 수입 그대로 판매되는 신라몰이라는 제품도 있습니다.

신라몰은 휴바스 코리아에서 수입 판매하는 제품으로 알고 있습니다.

이러한 제품은 과일이나 작물의 잎을 두껍게 하여 병균 침입을 막는데 사용할 수 있으며 과일의 큐티클 층을 두껍게 하여 열과 예방에도 도움이 된다고 알려져 있어서 저는 기존에 열과 예방제로 사용을 하였습니다.

그런 이유인지는 몰라도 확연하게 열과는 덜되었다는 주변 분들의 평가나 우리 농장을 방문 하신 분들의 평가를 받았습니다.

예를 들어 50개 열과가 되어있는 농장과 우리밭에는 25개의 열과가 되어 있으면 저는 어떻게든 열과를 덜시킬려고 더많은 자료들을 찾아 보고져 했습니다.

오르토 규산의 사용시 주의사항

이규산 제품들은 효과는 좋은데 사용하는데 애로점이 한가지 있습니다.

이 설명이 이해되지 않으신분들은 오르토 규산을 사용하지 마시고 sio3규산을 사용하십시요.

오르토 규산의 효과를 볼려면 물이나 농약과 혼용 하실때 무조건 마지막에 넣으셔야 합니다. 이 제품을 넣으시고 여기에 물이나 농약 종류가 한방울 이래도 추가되면 약해가 오던지 효과가 아주 약해집니다.

이 제품들을 넣고 뚜껑을 닫아야 합니다.

이 제품들은 절대 먼저 넣으시면 안됩니다.

물도 추가하면 안됩니다.

그런 이유인지 몰라도 좋은 제품인데도 많이 알려지지 않았죠.

외국에서는 비가 안 오나?????????

외국에서도 비가오고 열과에 문제는 심각하게 받아 들이고 있었으나 우리나라만큼은 아니더군요.

우리나라는 마치 하우스나 비가림을 하지 않으면 열매를 못딴다는 식으로 이야기들을 하니까요.

그래서 체리 재배 농가들 미국이나 유럽 쪽의 농가들의 자료를 많이 찾아보고 체리 박사님들의 인터뷰나 자료를 보아하니 그들은 비가오던 안오던 의무적으로 쓰는 제품이 있더군요.

그들도 오르토 규산을 적용하고 거기에 더해서 상업용 제품을 사용하더군요.

요즘에는 의무적으로 사용 하라고 재배력에 표시 한곳도 많습니다.

Lynn Long 박사는 이런 말을 합니다.

50개의 갈라진 체리를 25개로 줄일수 있는데 이 제품을 쓰지않을 이유가 없다고요.

그런 이유로 **Parka**와 **RainGard**라는 제품을 구해 볼려고 여러 나라의 직판매장을 둘러봤으나 구하지 못했는데 아시는 분이 자기가 수입 하겠다고 나서서 부탁에 부탁을 해서 그나마 **Parka**® 제품이 2024년 말경에 국내에 수입 된다고 합니다.

저도 내년에 미국 프로그램을 따라서 시작해 볼려고 합니다.

이 제품이 들어오면 겔 노트 품종에 실험을 해볼 생각입니다.

품질이나 맛은 거의 브룩스급 인데 조금 더 부드럽고 열과에 조금 약하다는 핑계로 많이 추천을 안한 품종인데 이 품종에 열과 테스트를 하여 열과가 덜하다면 애보니 버건디 겔 노트는 노지에서는 그냥 통과되는 거라고 생각하고 있습니다.

현재도 거의 열과가 안 되는데 이 제품을 추가하면 더욱 좋아지지 않을까 생각하고 있습니다.

외국에서는 가장 많이 사용하는 제품이 **Parka와 RainGard라는 제품입니다.**
두 제품은 다른 대학교에서 만든 제품으로 큐티클층을 보호하는 제품입니다.

Parka와 RainGard는 천연 과일 큐티클을 보충하고 미세 균열을 봉인하여 과일 표면의
물이 과일로 이동하는 것을 제한하는 천연 화합물을 함유하고 있습니다. 코팅은 내부 물
균열을 줄이지 않습니다. 코팅은 효과적이려면 과일을 잘 덮어야 합니다.

이러한 제품은 비가 오기 전에 과일 표면에서 완전히 건조되었을 때 가장 효과적입니
다. 체리 과일이 자라면서 이러한 제품의 보호 코팅이 분해되므로 균열 취약 기간 동안 적
절한 적용 범위를 유지하기 위해 7~10일 간격으로 2~3회 반복 적용하는 것이 좋습니다.

균열 취약성에는 품종 간 차이가 있으며, 체리는 일반적으로 성숙함에 따라 비로 인한
균열에 더 취약해지지만, 최근 연구에 따르면 같은 해에 같은 장소에서도 장소마다 균열
취약성에 상당한 차이가 있는 것으로 나타났습니다. 따라서 재배자는 주어진 시간에 과일
이 비 피해에 얼마나 취약한지 예상하기 어려울 수 있습니다. 체리 재배자가 과일을 보호
해야 할 때와 살포 또는 헬리콥터 비용을 절감해야 할 때에 대한 정보에 입각한 결정을 내
리는 데 도움이 되는 간단한 벤치탑 테스트를 이용할 수 있습니다. 이 테스트에 대한 자세
한 내용은 tinyurl.com/cracking-test에서 WTFRC에서 확인할 수 있습니다.

두 제품 중에서 일단 국내에서 유통되는 제품만 말씀 드리도록 하겠습니다.
Parka라는 제품입니다.

What is Parka?

Parka is a food grade cuticle supplement that has been specifically developed for cherries. A patented blend of phospholipidswith unique elasticity properties, it is designed to repel moisture from the cherry's surface to minimise water damage as wellas mimic and supplement the fruit's natural cuticle.

파카란 무엇인가?

파카는 체리를 위해 특별히 개발된 식품 등급 큐티클 보충제입니다.
독특한 탄력성을 가진 인지질의 특허받은 블렌드로, 체리 표면의 수분을 밀어내어 물 손상을 최소화 하고 과일의 천연 큐티클을 모방하여 보충하도록 설계되었습니다.

출처: https://www.cultiva.com/cherries/

균열 및 갈라짐 감소

UPL
OpenAg™

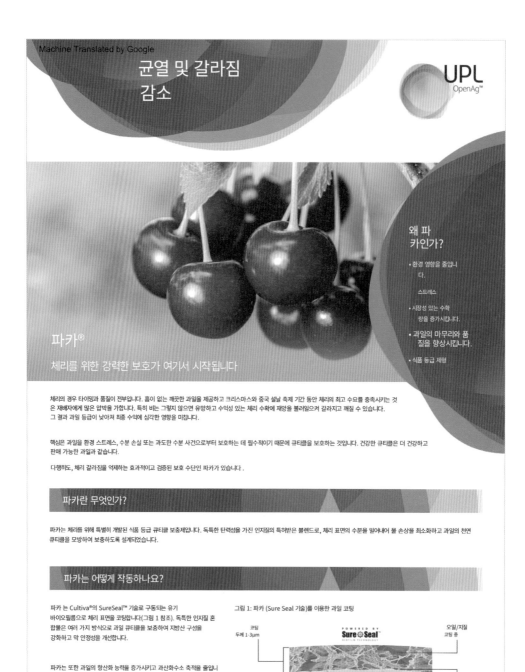

파카®

체리를 위한 강력한 보호가 여기서 시작됩니다

왜 파 카인가?

- 환경 영향을 줄입니다.
  스트레스
- 시장성 있는 수확량을 증가시킵니다.
- 과일의 마무리와 품질을 향상시킵니다.
- 식품 등급 제형

체리의 경우 타이밍과 품질이 전부입니다. 흠이 없는 깨끗한 과일을 제공하고 크리스마스와 중국 설날 축제 기간 동안 체리의 최고 수요를 충족시키는 것은 재배자에게 많은 압박을 가합니다. 특히 비는 그렇지 않으면 유망하고 수익성 있는 체리 수확에 재앙을 불러일으켜 갈라지고 깨질 수 있습니다. 그 결과 과일 등급이 낮아져 최종 수익에 심각한 영향을 미칩니다.

핵심은 과일을 환경 스트레스, 수분 손실 또는 과도한 수분 사건으로부터 보호하는 데 필수적이기 때문에 큐티클을 보호하는 것입니다. 건강한 큐티클은 더 건강하고 판매 가능한 과일과 같습니다.

다행히도, 체리 갈라짐을 억제하는 효과적이고 검증된 보호 수단인 파카가 있습니다.

파카란 무엇인가?

파카는 체리를 위해 특별히 개발된 식품 등급 큐티클 보충제입니다. 독특한 탄력성을 가진 인지질의 특허받은 블렌드로, 체리 표면의 수분을 밀어내어 물 손상을 최소화하고 과일의 천연 큐티클을 모방하여 보충하도록 설계되었습니다.

파카는 어떻게 작동하나요?

파카 는 Cultiva®의 SureSeal™ 기술로 구동되는 유기 바이오필름으로 체리 표면을 코팅합니다.(그림 1 참조). 독특한 인지질 혼합물은 여러 가지 방식으로 과일 큐티클을 보충하여 지방산 구성을 강화하고 막 안정성을 개선합니다.

파카는 또한 과일의 항산화 능력을 증가시키고 과산화수소 축적을 줄입니다. 이는 산화 스트레스를 제한하여 더 나은 세포 무결성을 가져옵니다. 보호는 과일과 함께 자랍니다.

그림 1: 파카 (Sure Seal 기술)를 이용한 과일 코팅

코팅 두께 1-3μm

POWERED BY
Sure◉Seal™

오일/지질 코팅 중

표피 미세 골절

셀룰로오스 매트릭스 코팅 중 (느린 운송이 가능합니다)

과일 큐티클

ADJUVANT

뉴질랜드 시험

센트럴 오타고(2015-17)의 시험에서는 실바아, 라핀, 스윗하트 품종의 깨진 과일을 평가했습니다(그림 2-3 참조). 전반적으로 칼슘 처리 체리에 비해 파카를 처리한 경우 비로 인한 갈라짐 발생률이 크게 감소했습니다 .

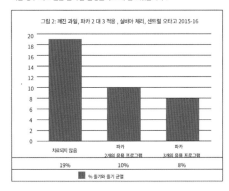

그림 2: 깨진 과일, 파카 2 대 3 적용 , 실바아 체리, 센트럴 오타고 2015-16

	차로되지 않음	파카 2개의 융용 프로그램	파카 3개의 융용 프로그램
% 출기와 줄기 균열	19%	10%	8%

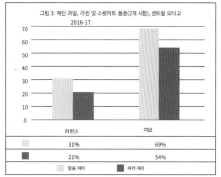

그림 3: 깨진 과일, 라핀 및 스윗하트 품종(2개 시험), 센트럴 오타고 2016-17

	라핀스	여보
칼슘 처리	31%	69%
파카 처리	21%	54%

파카를 최대한 활용하기

최상의 결과를 위해 파카는 2단계 프로그램으로 적용해야 합니다. 100% 껍질 떨어짐과 밀짚색. 마지막 적용 후 10일 이상 비가 오면 세 번째 적용이 권장됩니다. 최대 효과를 위해 모든 체리를 철저히 덮어야 합니다.

파카는 지베렐산 적용에 적합합니다.

사용방법

비율: 1500-2000L의 물에서 9.5L/ha
작물: 체리

- 사용하기 전에 잘 흔들어주세요.
- 캡탄과 함께 사용하지 마십시오.
- 파카를 사용할 경우 개화 중반 이후에는 캡탄을 사용하지 마십시오 .
- 파카를 칠 곳이나 이미 칠해진 곳에 는 유황을 사용하지 마세요 .
- 계면활성제, 스티커 또는 피놀렌 기반 물질과 혼합하지 마십시오.
- 건조 시간이 길 때(건조 시간이 지나치게 긴 시원한 오후/저녁에 분무하는 경우)에는 사용하지 마십시오.

더 자세히 알고 싶으신가요?

파카 로 체리를 보호하는 방법에 대한 자세한 내용은 지역 판매점이나 UPL 지역 관리자에게 문의하세요.

중요한
이 기술 노트는 제품 라벨을 대체하기 위한 것이 아닙니다. 제품을 사용하기 전에 항상 라벨을 주의 깊게 읽고 라벨 지침을 따르십시오.
긴급 상황 시 전문가의 조언을 받으려면 0800 243 622로 전화하세요.

파카는 HSNO법에 따라 위험물로 분류되지 않으며, ACVM법에 따라 등록이 면제됩니다.

PARKA는 Cultiva(www.cultivaipm.com)에서 제조합니다.
PARKA는 미국 오리건주 포틀랜드에 있는 Cultiva의 등록 상표입니다.

UPL 뉴질랜드 리미티드
우편번호 51584, 파크랭가 2140 모로헨드, 뉴질랜드

전화: 0800 100 325

enquiry.nz@upl-ltd.com www.upl-ltd.com/nz

위의 리플렛의 조건에서 계산하면 500리터 물에 3리터를 넣고 체리가 수확하기 4주전 또는 노란색으로 변하기 시작할 때가 맞을 겁니다.

정확한 혼용비율은 라벨을 참고하십시오. (ha당 9.5리터면 우리는 500리터 한통으로(ss 기준) 500평 정도인데 2000리터로 3000평 정도면 ss기 500리터 짜리로 700~800평을 해야 한다는 이야기 이니 엄청 빨리 다녀야 합니다)

하지만 미국이나 유럽에서는 체리 색이 노랗게 변하고 한 달 정도 후에 익는게 맞지만 우리나라는 밀짚모자 색이 나오고 늦어도 20일 안쪽에 익기 시작 합니다.

그래서 저는 체리가 엄지 손톱 크기 되면 이때 부터 준비를 하서야 한다고 봅니다.

먼저 규산 처리를 하십시오.

다음 주부터 parka 처리를 하십시오.

극조생 종이라면 규산 처리 시간이 없으니 바로 parka 처리를 하십시오.

어떤 자료에는 꽃잎이 날리면 일회 밀짚 모자 색 2회로 나와 있으니 나중에 제품 라벨을 참고해서 사용하십시오.

열과에 관한 작가의 의견

●●●●

이 의견은 어디까지나 개인적인 사건 이므로 본인들이 직접 보고 판단 하시길 권해드립니다.

열과 때문에 체리 재배를 하는데 하우스를 짓거나 비가림을 할려고 하시는 분들에게 저의 생각을 말씀드립니다.

저는 지금까지 20여년 체리 재배를 하면서 열과에는 큰 의미를 부여하지 않았습니다.

국내에서 열과가 예민한 부분으로 떠오르게 된 이유는 레이니어 계통의 노란색 체리 중에서 알이 크고 단단한 품종들 탓이 크다고 생각합니다.

이 품종들은 알이 크고 맛이 좋기로 유명합니다.

일본에서 개발된 품종도 있고요.

하지만 알이 크고 연육종 일수록 열과에 예민합니다.

대신 알이 작으면 열과에 강합니다.

일본이 아직도 좌등금을 고집하는 이유는 알의 크기가 10g을 넘어가지 않아서입니다.

국내에서 알의 크기가 12~15g을 넘나 들면서 노란색 계열의 체리가 한때는 엄청 인기가 좋았습니다.

그러다 보니 열과에 아주 예민하게 된 거죠.

그래서 어쩔수 없이 하우스에 들어가게 되고 비가림을 하게 된 거라고 보시면 맞을겁니다.

그 외의 품종들은 조금만 조치를 취하거나 장마 때 처럼 많은 양의 비가 아니면 그렇게까지 큰 문제가 덜 될 겁니다.

물론 타이톤이라는 품종도 인기를 끌어서 많이 식재한 이유일수도 있습니다.

타이톤도 열매가 워낙에 큰 품종입니다.

열매가 큰 품종은 맛도 안 따지고 심었을 때입니다.

열매가 크면서 맛까지 좋은 품종들이 레이니어 레이니어 변종(R0 알제로. 만월)이라는 품종 일본 품종 중에서 베니 테마리 라는 품종들은 맛이 기가 막히게 좋으면서도 열매가 크다는 것에 많은 농가들이 앞 다투어 식재를 했다는 겁니다.

하지만 열과에는 어마무시 하게도 취약합니다.

그래서 하우스 하우스 비가림 비가림을 외쳤던 겁니다.

근데 문제는 하우스나 비가림 안에서 재배를 하면 기존 노지에서 재배를 해서 먹던 맛이 안 나옵니다.

이 품종들의 특징은 하우스 재배시 더 부드러워 진다는 겁니다.

너무 부드러워서 단맛이 빠져 나간것 같은 느낌이 듭니다.

열과에 관한 문제는 여기에서 나오게 된 거라고 생각하십시오.

이렇게 맛있는 품종을 심어야 한다.

우리나라에서는 이런 품종 아니면 경쟁력이 없다 하고 위 품종들을 맛보신 분들이 외쳤던 시기입니다.

사실 지금도 열과 때문에 하우스를 해야 하느냐를 많이 묻곤 합니다.

저는 자금이 여유 있고 많으면 하셔도 된다고 말씀 드립니다.

외국에 사례들을 보면 재미있는 체리 재배 역사들을 볼수 있습니다.

아주 오래된 지역은 건너 더라도 20~30년 사이에 체리 분야가 산업화가 된 나라들을 보면 최초 도입은 열매가 크고 맛있는 품종들이 아니었습니다.

중간 사이즈의 체리 품종들과 열과에 예민하지 않은 품종들을 먼저 도입했습니다.

대표적으로 보면 van(겔벤이라고 붙임)이라는 품종이 가장 많았습니다.

이 품종은 10g 내외의 크기로 추위에 강하고 열매 맛이 좋기로 알려진 품종입니다.

크림슨 대목이나 기세라 대목에서 어마어마 하게 열리며 열과에 민감하지 않아서 국내 재배 농가들은 아직 없지만 몇 농가에 식재되어 있는걸 보면 이 품종은 판매를 하지 않고 지인들과 나눠 먹는 용으로 절대 판매는 하지 않는다고들 하더군요.

그만큼 맛이 좋은 품종입니다. 하지만 알이 좀 작은 편입니다.

외국에서도 처음에는 이 품종으로 재배를 시작하여 차후에는 열매가 큰 걸로 갱신하는 순서들로 체리 재배를 산업화 시킨 나라가 많습니다.

최근에는 Tulare(국내에서는 강구1호로 알려진품종)라는 품종을 재배하면서 산업화한 나라들이 많습니다. 대표적으로 보면 페루입니다.

이 품종은 빙 체리의 사촌으로 알려져 있을 만큼 빙을 닮았습니다.

하지만 빙처럼 열과가 잘되는 품종이 아니고 열과에도 강하고 맛도 좋은 품종입니다.

단 처음에는 큰 열매가 크다고 생각하실지 모르겠지만 중간 사이즈의 체리가 열립니다.

10g 내외의 맛이 좋고 열과에 강하며 아삭한 맛이 나는 품종입니다.

이런 품종들로 먼저 산업화를 이루고 차츰 요즘 국내에서 인기있는 애보니펄이나 버건디펄 품종들로 갱신을 해간다는 겁니다.

우린 처음부터 접근을 잘못했는지도 모릅니다.

소비자나 유통은 제쳐두고 재배자와 관계 공무원들 입맛에 맞추다 보니 어쩜 체리 산업이 어려워 졌는지 모릅니다.

저는 그래도 우리나라 체리 재배는 훨씬 더 빨리 발전할 거라고 봅니다.

여러 시행 착오들을 거쳤기에 이제 안전하게 출발 할 수 있을 걸로 봅니다.

정말 수많은 실패자들과 좌절하신 분들의 노고를 우린 발판으로 삼으면 됩니다.

그 많은 체리 재배를 해오셨던 분들이 저에게나 우리들에게 주는 교훈을 잊지 않겠습니다.

네 번째 방제

위 농약들은 수확 7일전까지 사용할 수 있는 농약입니다.

이때는 과원 내에 파리류나 작은 초파리류를 잡아야 합니다.

살균제는 옥솔린산으로 무름병에 특효약입니다.

이 제품을 마지막에 권하는 거는 열매가 익어 가면서 회성병에 감염되거나 온도가 급속히 올라가면 체리 열매는 바로 썩기 시작 합니다.

특히 라핀이나 레이니어류 종류 처럼 다닥다닥 열리는 품종에서 습도까지 높으면 급속히 번져버립니다.

그런 곳에 이제품 을 시용해 보니 효과는 확실히 좋습니다. 그래서 권장해 드립니다.

체스는 흡즙 해충 잡는 농약으로 일반 살충제 중에서 수확 7일전까지 등록된 약으로는 유일할 겁니다.

노린재와 나방을 잡는 약입니다.

어! 왜 응애 약을 권하는 거쥬? 할 수 있습니다.

초파리 잡는 약은 비펜트렌이 등록된 약 중에서는 그나마 좋다고 알려져 있습니다.

미국에서는 응애 약이 초파리약입니다.

우리나라도 아바멕틴은 체리에 등록되어 있지만 수확 14일 전 까지로 되어있어서 국내에서 수확 전에는 사용이 어렵다고 판단됩니다.

그나마 응애약 중에서 수확 7일 이내로 등록된 농약이 지존입니다.

초파리를 잡아야 하는데 수확기는 다가오고 하면 응애약을 하십시오.

체리 과원 초파리 발생 분포

●●●

  벗초파리의 발생 양상을 조사하기 위해서는 트랩을 주로 활용하는데 유인할 수 있는 물질로 일본에서는 당밀(molasses)과 포도주(wine)의 2가지 조합과 식초(vinegar)와의 3가지 조합이 벗초파리를 유인하는데 효과적인 것으로 보고하였다(Kanzawa 1935, 1939). Merlot 와인과 사과 식초의 조합이 시너지 효과를 내어 단일처리를 한 것보다 벗초파리를 더 효과적으로 끌어들이는 것으로 나타났으며 acetic acid와 ethanol의 혼합물에서 벗초파리가 유인되는 것이 확인된 바 있다(Landolt et al., 2012). 사과 식초 또는 설탕과 효모의 조합으로 만든 트랩이 벗초파리를 모니터링 하는데 사용된 바 있다(Cha et al., 2012; Landolt et al., 2012; Lee et al., 2012). Cha et al. (2014)에 의하면 사과 식초와 와인의 혼합물 처리보다 acetic acid, ethanol, acetoin, ethyl lactate, methionol의 혼합처리에서 벗초파리 유인수가 더 많은 것으로 보고하였다.

  벗초파리 성충은 6월 상순부터 발생하기 시작하여 7월 상순까지 유인 트랩에 유살 되었으며 성충의 시기별 발생은 품종에 따라 큰 차이가 있어 과실이 늦게 성숙하는 품종에서 급증하는 특성을 보였다

  본 연구에서는 6월 상순 체리가 익어가는 향기가 날 때쯤 벗초파리 발생이 시작하여 6월 하순경 수확이 끝나 과실이 없는 포장에서는 벗초파리가 전혀 발생하지 않았으나 7월까지 과실이 유지된 과원에서는 발생량이 증가하는 경향을 보여 대부분의 체리 수확이 끝나는 6월 하순경에 우화한 성충은 먹이가 부족하여 다른 기주를 찾아 이동한 것으로 추정된다.

방제효과

살충제 방제효과를 시험한 결과는 Fig. 3과 같다. Abamectin 1회 살포 49%, 2회 살포 12.8%의 피해 과율이 나타났으며 무처리 피해 과율 93% 대비 1회 44%, 2회 80.2% 피해 과율이 감소하였다. Bifenthrin의 경우 1회 살포 12.0%, 2회 살포 9.4%의 피해 과율로 무처리 대비 1회 81%, 2회 83.6% 피해 과율이 감소하였다. 1회 살포에서 무처리 대비 44%의 피해 감소율을 나타낸 abamectin(아버멕틴계)보다 81%를 나타낸 bifenthrin(합성피레스로이드계)이 살충효과가 우수한 것으로 판단된다.

출처: 국내 체리 과원의 초파리류 발생 양상과 살충제 방제효과

농촌진흥청 국립원예특작과학원 원예특작환경과1

농촌진흥청 기술협력국 국외농업기술과

Abamectin: 흔히 응애약으로 알려진 아바멕틴을 말함

bifenthrin: 앞에서 언급한 캡처 종류의 약으로 비펜트린을 말함

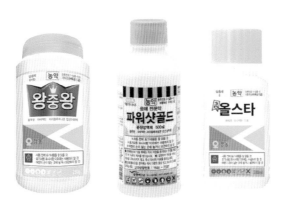

Abamectin 종류의 농약들 기타 여러상표들이 있음

국내에서 초파리에 등록된 약제들입니다.

위의 아바멕틴류와 아래의 비펜트린류는 초파리에 효과가 좋은 약제로 알려져 있으나 수확 14일전까지만 사용하게 되어 있으므로 수확기에 임박해서 사용하시면 위험할 수 있으니 참고하십시오.

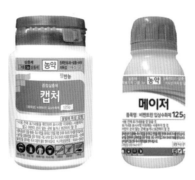

bifenthrin 농약중 성분함량이높은 농약 비펜트린 8%임

외국에서의 초파리 방제

Organically Acceptable Methods
Cultural controls and sprays of the Entrust formulation of spinosad, pyganic, azadirachtin, andChromobacterium subtsugaeare acceptable for use on organically grown cherries.

해석: 유기직으로 수용 가능한 방법
Entrust에서 제조한 스피노사드, 피가닉, 아자디라크틴,크로모박테리움 서브 츠가에를 사용한 문화적 통제 및 살포는 유기적 재배 체리에 사용하기에 적합합니다.

위 제품들은 살포용이 아니고 나무의 목제 부분에 발라서 유인해서 죽이는 약제입니다.

스피노사드의 함량이 0.02% 정도 함유하고 있는 제품으로 유기농에서도 사용가능한 제품들입니다.

제가 트렙을 올려드린 이유는 외국에서 이 트렙을 이용해서 초파리 유인을 하고 그렇게 잡으니 우리나라 논문에도 나와있는 방법이나 중국 방법을 인용해서 여기에 스피노사드를 혼용하여 사용하면 좋지 않을까 해서 올려 드립니다.

중국에서의 초파리트랩

TRAPPING METHOD

Traps consisted of 600mL plastic bottles. To allow flies to enter the bottle traps, we cut 8 holes (0.6 cm diam) in the upper half of the bottle in various places.

The attractant and killing solution consisted of 50 g of brown sugar, 80 mL of anhydrous ethanol, 50 mL of rice vinegar, 370 mL of water, and 2 g of 90% dichlorvos. One hundred fifty mL of the solution was added to each bottle, along with 10 g of ripe banana.

해석: 함정은 600ml 플라스틱 병으로 구성되었습니다. 파리가 병 함정에 들어갈 수 있도록, 우리는 병의 윗부분에 다양한 곳에 8개의 구멍(직경 0.6cm)을 냈습니다.

유인 및 살충 용액은 갈색 설탕 50g, 무수 에탄올 80mL, 쌀 식초 50mL, 물 370mL, 90% 디클로르보스 2g으로 구성되었습니다. 용액 150mL를 각 병에 넣고 익은 바나나 10g을 첨가했습니다.

일반적인 관행 재배에서는 현재 등록된 농약으로는 비펜트렌이 가장 효과가 좋은 것으로 나옵니다.

만약 혼용 식재된 농장이나 수확기에 접어든 농장에서 초파리 방제는 아래 내용을 읽어보시고 본인의 판단 하에서 사용을 하십시오.

벗초파리(Drosophila suzukii)

이런 내용도 참고하시라고 올려드립니다.
이탈리아어입니다.

I terpeni testati includevano L-(-)-carvone, carvacrolo, 1,8-cineolo, β-citronellolo e p-cimene, mentre i fenilpropanoidi esaminati erano eugenolo, (E)-anetolo, (E)-cinnamaldeide e p-anisaldeide.

해석: 테스트된 테르펜에는 L-(-)-카르본, 카르바크롤, 1,8-시네올, β-시트로넬롤 및 p-시멘이 포함되었으며, 테스트된 페닐프로파노이드는 유게놀, (E)-아네톨, (E)-신남알데히드 및 p-아니스알데히드였습니다.

Tra questi, L-(-)-carvone, carvacrolo, (E)-anetolo e (E)-cinnamaldeide hanno mostrato la maggiore**tossicità**nei confronti di D. suzukii, con valori di**concentrazione letale**(LC50) che indicano una potenziale efficacia nel controllo delle mosche adulte. Inoltre, questi composti sono stati testati anche su**larve**e pupe di D. suzukii, mostrando una significativa mortalità e deformità nello sviluppo.

해석: 이들 중에서 L-(-)-카르본, 카르바크롤, (E)-아네톨 및 (E)-신남알데히드는 D. suzukii에 대해 가장 큰 **독성을 나타냈으며, 치사 농도**값 (LC50)은 성충 파리 방제에 잠재적 효능이 있음을 나타냅니다. 또한, 이들 화합물은 D. suzukii **유충** 및 번데기에서도 테스트 되었으며 상당한 사망률과 발달 기형을 보여주었습니다.

출처: https://cherrytimes.it/ Università di Bologna (IT)

테르펜이란 쉽게 이야기하면 피톤치드라고 이해하시면 됩니다.

테르펜 - 악취저감제 1L

상품요약정보	친환경악취저감제: 1L/통
소비자가	~~66,000원~~
판매가	**66,000원**
국내 · 해외배송	국내배송
배송방법	택배
배송비	**2,500원**(50,000원 이상 구매 시 무료)

테르펜 Terpene $(C_5H_8)n$ $(n \geq 2)$	98% 이상
비타민E Vitamin E	150mg 이상

출처: https://sciemall.com/

국내에서는 악취 저감제로 판매되고 있는 제품입니다. 저도 아직 사용은 해보지 않았으니 참고 하시고 라핀이나 스키나 레기나 지랏등처럼 애보니 버건디 이후에 수확하는 품종에는 필히 대비를 해야 하니 좋은 결과 나오기를 기대해 봅니다.

체리의 병해

●●●

갈색 무늬병 흔히 갈반병이라고 함

외국에서의 갈반병이란?

체리 분야에서 갈반병 이란 곰팡이성 병균이 침입해서 잎이 노랗게 변하거나 양분이나 약제 공급중에 약해로 인해서 잎이 탈색되어 떨어지는 병을 이야기 합니다.

외국에서 갈반병 으로 가장 흔한 사례는 5가지정도 있지만 타트 체리 분야에만 오는 병이 3가지 정도이고 스윗체리(sweet cherry) 품종에 오는 병은 2기지 정도로 알려져 있습니다.

첫 번째가 가장 흔한 잎 천공병(구멍병)입니다.

이 병은 우리나라에서 세균성 구멍병으로 통영 되면서 세균성 약제인 마이신류 몇 번이고 반복 살포해서 다음에서 설명드린 구리 약해를 많이 입었던 병입니다.

체리 잎 구멍병(Cherry Leaf Spot)

Cherry leaf spot is one of the most serious diseases of both sweet and sour cherries in the Midwest. The disease mainly affects the leaves, but lesions may also appear on fruit, petiolesand fruit stems (pedicels). Diseased leaves drop prematurely, and severely affected trees may be defoliated by mid-summer. Early and repeated defoliation can result in: (1) dwarfed and unevenly ripened fruit with poor taste; (2) devitalized trees that are more susceptible to winter injury; (3) death of fruit spurs; (4) a reduction of fruit set and size; (5) small and weak fruit buds; (6) reduced fruit growth; and (7) eventual death of the tree.

출처: Ohio State University Extension

해석: 체리 잎 반점병은 중서부 지역의 새콤달콤한 체리와 앵두에 가장 심각한 질병 중 하나입니다. 이 질병은 주로 잎에 영향을 미치지만, 과일, 잎자루, 과일 줄기(꽃자루)에도 병변이 나타날 수 있습니다. 병에 걸린 잎은 일찍 떨어지고, 심하게 영향을 받은 나무는 한여름에 낙엽될 수 있습니다. 일찍 반복

해서 낙엽하면 다음과 같은 결과가 나타날 수 있습니다. (1) 맛이 나쁜 왜소하고 고르지 않게 익은 과일; (2) 겨울철에 더 쉽게 다칠 수 있는 활력이 없는 나무; (3) 과일 박차의 죽음; (4) 과일의 맺힘과 크기 감소; (5) 작고 약한 과일 새싹; (6) 과일 성장 감소; (7) 결국 나무의 죽음.

The next offender on the defoliation list is **cherry leaf spot**. This disease is notorious for dropping leaves; however, with good spray coverage and timing, leaf loss does not usually occur until sometime after harvest. The early 2011 season was fraught with rainy weather, and growers were challenged to keep foliage covered to prevent cherry leaf spot infection. We suspect growers had wash-off with the prolonged wetting period early in the season, and it was difficult to get back into the orchard to reapply fungicide applications with the continuous rain. This scenario resulted in cherry leaf spot infections in May, and many of these early-infected leaves are now dropping from the tree. Photo 2 is a good example of leaves infected with cherry leaf spot.

출처: Michigan State University Extension

해석: 낙엽 목록에서 다음 범인은 **체리 잎 반점**입니다. 이 질병은 잎을 떨어뜨리는 것으로 악명이 높지만, 적절한 살포 범위와 타이밍으로 잎이 떨어지는 것은 일반적으로 수확 후 어느 시점까지 일어나지 않습니다. 2011년 초반 시즌은 비가 많이 오는 날씨였고, 재배자들은 체리 잎 반점 감염을 예방하기 위해 잎을 덮어두는 데 어려움을 겪었습니다. 재배자들이 시즌 초반에 장기간의 습윤 기간으로 인해 씻겨 나갔을 것으로 생각되며, 계속되는 비로 인해 과수원으로 돌아가 살균제를 다시 뿌리는 것이 어려웠습니다. 이 시나리오로

인해 5월에 체리 잎 반점 감염이 발생했고, 이러한 초기에 감염된 잎 중 다수가 이제 나무에서 떨어지고 있습니다. 사진 2는 체리 잎 반점에 감염된 잎의 좋은 예입니다.

Cherry leaf spot(*Blumeriella jaapii*) is a fungal diseasewhich infects cherriesand plums. Sweet, sour, and ornamental cherriesare susceptible to the disease, being most prevalent in sour cherries. The variety of sour cherries that is the most susceptible are the English morello cherries. This is considered a serious disease in the Midwest, New Englandstates, and Canada. It has also been estimated to infect 80 percent of orchards in the Eastern states. It must be controlled yearly to avoid a significant loss of the crop. If not controlled properly, the disease can dramatically reduce yields by nearly 100 percent.[2]The disease is also known as **yellow leaf** or **shothole disease** to cherry growers due to the characteristic yellowing leaves and shot holes present in the leaves upon severe infection.

출처: https://en.wikipedia.org/wiki/Main_Page

해석: **체리 잎 반점(Blumeriella jaapii)은 체리와 자두를 감염시키는 곰팡이성 질병입니다.** 단맛이 나는 체리, 신맛이 나는 체리, 관상용 체리가이 질병에 걸리기 쉽고 신맛이 나는 체리에서 가장 흔합니다. 가장 걸리기 쉬운 신맛이 나는 체리의 종류는 영국 모렐로 체리 입니다. 이것은 중서부, 뉴잉글랜드주, 캐나다에서 심각한 질병으로 간주됩니다. 또한 동부 주 과수원의 80%를 감염시킨 것으로 추정됩니다. 작물의 상당한 손실을 피하기 위해 매년 관리해야 합니다. 적절하게 관리하지 않으면 이 질병으로 인해 수확량이 거의 100%나 급격하게 감소할 수 있습니다. **이 질병은 심하게 감염되면 잎이 노랗게 변**

하고 잎에 구멍이 생기기 때문에 체리 재배자들에게 **황변 잎병** 또는 **샷홀병**
이라고도 불립니다.

여기에서도 언급 했듯이 이 질병은 곰팡이성 질병입니다.

마이신류나 항생제는 세균성 병해를 예방 하거나 치료하는 약제입니다.

이 병이 발생한 곳에 마이신류나 항생제를 살포 하면 안 그래도 병 들어 아픈 나무한테
더 병을 얻으라고 하는 행위라고 판단 하십시요.

물론 세균성 구멍병이 없지는 않을 겁니다.

그러나 체리에서 세균성 구멍병은 극히 드물고 잘 나타나지 않는다고 합니다.

꼭 참고 하시고 적용해 주길 바랍니다.

다음으로 많은 낙엽병의 원인은?

구리 식물 독성(출처: A. Jones 및 E. Lizotte,MSUE.)

Copper phytotoxicity. Photo credit: A. Jones and E. Lizotte,MSUE

The last two potential causes of leaf drop this season are from **phytotoxicity**
caused by spray applications that are still under investigation. Growers
have reported leaf loss after using **dodine** and **copper products.** We cannot
conclude for certainty that these materials caused the leaf loss as it has not

been consistent in all orchards. There may be secondary factors in blocks that caused leaf drop, such as temperature, humidity, slow drying time, fast drying time and other factors. Dodine has not been recommended for sweet cherries because of the potential for phytotoxity, and we have observed phytotoxity in Balatons in past seasons. We suspected that dodine phytotoxity in Balatons is a result of the sweet cherry parentage in this variety. This season, growers (particularly from Wisconsin) have observed phytotoxity in Montmorency and the common denominator in those blocks appears to be the use of dodine (no photo available at this time). Leaves that are damaged from spray applications will eventually drop from the tree.

Lastly, we have some reports of phytotoxicity from copper products (Photo 5). Many growers that used copper in the 1960s remember the phytotoxity issue in tart cherries with copper use, as copper was one of the recommended fungicides for cherry leaf spot control. More recent data have shown that copper products are particularly effective against cherry leaf spot and provide excellent control at 1.2 pounds of metallic copper. However, the potential from phytotoxicity from copper use remains a concern for many growers, and this year, we have evidence that suggests that some copper formulations can cause some leaf loss. But as mentioned above, we have blocks where copper was used and defoliation was a concern while other blocks received the same amount of copper product and resulted in significantly less leaf loss.

출처: Michigan State University Extension

해석: 이번 시즌에 잎이 떨어지는 마지막 두 가지 잠재적 원인은 아직 조사 중

인 살포로 인한 **식물 독성 때문입니다. 재배자들은 도딘과 구리 제품을(도딘은 국내에서 새롬이라는 제품으로 판매되는 유기유황계통의 농약입니다)** 사용한 후 잎이 떨어졌다고 보고했습니다. 모든 과수원에서 일관되지 않았기 때문에 이러한 물질이 잎이 떨어졌다고 확실히 결론 내릴 수 없습니다. 온도, 습도, 느린 건조 시간, 빠른 건조 시간 및 기타 요인과 같이 잎이 떨어지는 블록에 이차 요인이 있을 수 있습니다. 도딘은 식물 독성 가능성 때문에 달콤한 체리에 권장되지 않았으며 지난 시즌에 발라톤에서 식물 독성을 관찰했습니다. 발라톤의 도딘 식물 독성은 이 품종의 달콤한 체리 부모의 결과라고 의심했습니다. 이번 시즌 재배자(특히 위스콘신 출신)는 몽모랑시에서 식물 독성을 관찰했으며 해당 블록의 공통 분모는 도딘 사용인 것으로 보입니다(현재 사용 가능한 사진 없음). 살포로 인해 손상된 잎은 결국 나무에서 떨어집니다.

마지막으로, 구리 제품으로 인한 식물 독성에 대한 보고가 있습니다(사진 5). 1960년대에 구리를 사용했던 많은 재배자는 구리가 체리 잎 반점 방제에 권장되는 살균제 중 하나였기 때문에 구리 사용으로 인한 타트 체리의 식물 독성 문제를 기억합니다. 최근의 데이터에 따르면 구리 제품은 체리 잎 반점에 특히 효과적이며 1.2파운드의 금속 구리에서 탁월한 방제를 제공합니다. 그러나 구리 사용으로 인한 식물 독성의 가능성은 많은 재배자에게 여전히 우려 사항이며, 올해는 일부 구리 제형이 잎 손실을 일으킬 수 있다는 증거가 있습니다. 그러나 위에서 언급했듯이 구리를 사용하고 탈엽이 우려되는 블록이 있는 반면 다른 블록은 동일한 양의 구리 제품을 받았고 잎 손실이 상당히 적었습니다.

본인들이 판단하십시오.

제가 책에 아무리 내용을 적어도 믿지 않고 어떤 박사님이나 농약방에서 구멍병이라고 하더라 해서 마이신류를 두번 세번 했더니 화속까지 타버리더라 이걸 어떻게 해야 하느냐

하시는 분들이 죽어가는 나무좀 살려 달라고 전화옵니다.

　저는 유튜브에서도 일편의 책자 에서도 수도 없이 말했지만 이상하게 좋은거는 안 듣고 안 좋은것 들은 귀에 잘 들어온다고 많이들 하십니다.

　제가 이 책을 쓰면서도 외국 자료를 많이 가져온 이유는 제가 하면 안 믿을까봐서 외국의 논문 자료를 많이 가져와서 직접 보여 드리면 좀 믿으실까 하고 직접 가져와서 보여 드린 겁니다.

　어쩌면 저도 제가 직접 쓰는 책이 아닌 외국의 논문을 인용한 책이 될지라도 많은 분들이 피해를 입지 않기를 바라는 마음에 외국 자료를 인용을 많이 하니 이해를 부탁드립니다.

　그럼 좋습니다. 샷 홀병이든 갈반병 이든 낙엽이 오기 시작 하는데 뭘로 방제를 하는 게 가장 잘 듣습니까?

　위 사진의 포리옥신하고 황산 마그네슘은 무조건 넣으셔야 합니다.

　단 포리옥신은 체리에 등록되지 않은 농약이나 잔류 검사를 면제 해주는 방선균에서 추출한 농약이니 체리 수확 후에 저는 사용합니다.

　7~8월에 잎이 노래지고 낙엽이 지기 시작하면 이 두가지 합니다.

　여기에 120효소나 양명원을 넣고 꽃게 아미노를 같이 혼용해서 살포합니다.

　그리고 꼭 해야 되는게 있습니다.

　무조건 이틀 안에 물을 주십시오.

물 시설이 안되 있으면 비 오기 전날 주십시오.

너무 더운 날이 계속되고 가뭄이 심하면 효과가 없습니다.

2024년도 7~8월 물 안주신 농가들은 엄청 심해졌을 겁니다.

체리는 너무 더운 날씨를 싫어합니다.

너무 가문것도 싫어합니다.

여름에 일찍 낙엽이 졌다면 물 부족 아니면 물이 과한 것이라고 보시면 거의 맞을 겁니다.

그리고 세균성 구멍병이 있더라도 위에 제품을 사용 하시고 더이상 하지 마십시요.

농업인은 어떻게든 치료를 하고 싶지만 외국 자료에도 도움이 되지 않는다고 나옵니다.

On high-value cherry trees or trees with a history of severe fungal leaf spot disease, the use of fungicides may help. But, fungicides will not work if the leaf spot is caused by the bacterium, Xanthomonas pruni. However, treatments will only provide preventative disease management or slow down the rate of disease development and will not cure already infected leaves.

해석: **고가의 체리나무**나 심각한 곰팡이 잎 반점병의 병력이 있는 나무에서는 살균제를 사용하면 도움이 될 수 있습니다. 그러나 잎 반점이 박테리아인 *Xanthomonas pruni*에 의해 발생한 경우에는 살균제가 효과가 없습니다. 그러나 치료는 예방적 질병 관리만 제공하거나 질병 발병 속도를 늦출 뿐 이미 감염된 잎은 치료히지 못합니다.

출처: The Ohio State University Buckeye Yard and Garden Line

아래 사진은 햇볕에 데미지를 잎은 모습입니다.

Uwe Harzer (2013)

또다른 데미지를 입은 체리 나뭇잎

그럼 낙엽이 떨어진 나무는 내년에도 열매가 열리느냐?

외국 자료에 보면 8월 20일 이후에 낙엽이 진거는 다음 해에도 큰 문제를 덜 일으키지만 그 전에 낙엽이 진 나무는 내년에 심각한 문제를 일으킬수가 있다고 나옵니다.

이것은 어디까지나 외국 이야기이고 우리나라에서는 좀 다르다고 봅니다.

아침 최저 기온이 15 이하로 내려간 다음에는 큰 문제가 일어나지 않지만 그전에 낙엽이 진 나무는 내년에 정상적인 열매를 수확 할려면 무던한 노력을 해야 할겁니다.

개인적인 생각임을 밝히고 말씀 드리면 수확후 열매가 없을 때 낙엽병이 오고 그 밭에 구리 종류(마이신류)를 하지 않았다면 저 같으면 레빅사를 살포할 것입니다.

미국에서 갈반병이나 구멍병이보이면 하는 농약

레빅사는 **메펜트리플루코나졸**이라는 성분으로 미국 등 유럽에서도 가장 안전하며 가장 우수한 성질을 나타내는 농약으로 인식되서 일년에 3-4회 시용 하는 농약입니다.

갈반병과 체리 구멍병에 가장 우수한 성적을 받은 농약으로 미국이나 유럽의 2024년도 체리재배 목록에는 모두 E를 획득한 농약입니다.

하지만 우리나라에서는 체리에 아직 등록이 되지않은 농약으로 판단은 본인들의 몫으로 남겨둡니다.

이 농약도 포리옥신처럼 황산 마그네슘과 같이 하시면 좋습니다.

포리옥신이나 레빅사는 체리에 등록 되어있지 않은 농약임을 다시 한 번 강조 드립니다.

제발 체리 잎에 구멍 났다고 마이신류 하지 마시고 이 농약을 하십시요.

2024년 미국 자료나 유럽 자료에서 세균성 약제는 잎 나오기 전에 사용하는 마이신류 외에 잎이 있는 상태에서 하는 마이신류는 단 한 가지도 없습니다.

나무가 이유없이 죽습니다

뿌리 썩음병으로 통용되는 면류관 썩음병.

이 병은 물 빠짐이 좋지 않으면 잘옵니다. 이유없이 죽는 체리 나무들은 이 병에 걸렸다고 보시면 될겁니다.

수지라도 나오면 수지병으로 죽었나 보다 하는데 이건 수지도 나오지 않고 비가오니 그냥 죽어 버리네?

잎은 달려있는 상태에서 말라서 죽는병은 거의 이 병입니다.

사실 이 병은 국내 체리밭에 어디든지 모두 존재합니다.

약하게 존재하는 곳은 전정 할 때 가지의 안쪽이 검은색으로 변하고 있으면 이 병균이 활동을 한다고 보셔야 합니다.

이 병균으로 인해서 줄기 마름병과 줄기 썩음병이 옵니다.

어! 한쪽 가지만 죽었어요. 왜 이래요???????

그 쪽의 뿌리가 썩어서 그 쪽 가지만 죽는 겁니다.

육안으로 볼 때는 아랫 부분 즉 대목 부위가 썩으면서 죽는 겁니다.

이들은 우리가 인식하는 곰팡이가 아닙니다.

이들은 물 팡이에 의해서 죽는 겁니다.

그래서 물 곰팡이 약제를 써야 합니다.

외국에서는 체리에 가장 잘 듣는 약이 리도밀 골드로 알려져 있습니다.

토양에 닿는 부분이나 대목 부위가 썩으면서 나무 전체가 죽는 병입니다.
대표적인 토양병으로 알려져 있습니다.

Reproduction, spread and infection of trees by these fungi increases in saturated soil.

The pathogens can also move in contaminated soil on equipment, boots and vehicles; plant material; and water (irrigation and run-off).

In winter and for up to 10 years the fungus survives as thick-walled resting spores (zoospores) in the soil and rotted roots.

In spring, the zoospores germinate in wet warm soil and form sac-like sporangia that release many mobile zoospores into the soil water. The zoospores are attracted to tree roots and then infect the roots. The longer and more often soil is wet, the more likely the zoospores will reach, infect and kill vigorous and weak trees alike. However, young trees usually decline faster than mature trees

해석: 병원균은 오염된 토양을 통해 장비, 부츠, 차량, 식물 재료, 물(관개 및 유출)을 통해 이동할 수도 있습니다.

겨울에는 균류가 최대 10년 동안 흙과 썩은 뿌리 속에서 두꺼운 벽을 가진 휴면 포자(유주자)로 살아남습니다.

봄에 동포자는 습하고 따뜻한 토양에서 발아하여 자루 모양의 포자낭을 형성하여 많은 이동성 동포자를 토양 물에 방출합니다. 동포자는 나무 뿌리에 끌려가 뿌리를 감염시킵니다. 토양이 더 오래, 더 자주 젖을수록 동포자가 강건한 나무와 약한 나무에 모두 도달하여 감염시키고 죽일 가능성이 더 큽니다. 그러나 어린 나무는 보통 성숙한 나무보다 더 빨리 쇠퇴합니다.

Trunk rot of stone fruit

Phytophthora trunk rot most often attacks peach and apricot trees, but sometimes also nectarine, plum and cherry trees.

Pale amber, cloudy drops of gum are exuded from the bark near the base of infected trees. The gum darkens with age until it is almost black, while new drops are exuded further up and around the trunk as the infection progresses.

When removed, the outer bark smells sickly-sweet and the inner bark and cambium in the lesion are discolored.

The old dead tissue is dry and uniformly rusty brown, whereas new dead tissue is sticky with gum and banded or mottled with shades of cream and brown.

The trunk is girdled and the tree dies, but, because the fungus grows faster along branches than around them, the lesion may extend 1 meter or more above ground level before girdling is complete.

해석: **핵 과일의 줄기썩음병**

Phytophthora 줄기썩음병은 복숭아나무와 살구나무를 가장 자주 공격하지만 때로는 천도복숭아, 매실나무, 체리나무도 공격합니다.

감염된 나무의 바닥 근처의 나무껍질에서 옅은 호박색의 흐린 고무 방울이 흘러나옵니다. 고무는 나이가 들면서 어두워져 거의 검은색이 되고, 감염이 진행됨에 따라 새로운 방울이 줄기 위쪽과 주변으로 흘러나옵니다.

껍질을 제거하면 바깥쪽 껍질은 메스꺼운 달콤한 냄새가 나고, 병변에 있는 안쪽 껍질과 속질은 변색됩니다.

오래된 죽은 조직은 건조하고 균일하게 녹슨 갈색을 띠는 반면, 새로운 죽은 조직은 끈적끈적하고 크림색과 갈색의 줄무늬나 얼룩덜룩한 색을 띤다.

줄기는 띠로 둘러싸이고 나무는 죽지만, 균류가 주변보다 가지를 따라 더 빨리 자라기 때문에 띠로 둘러싸이는 것이 완료되기 전에 병변이 지상 1m 이상까지 확대될 수 있습니다.

Chemical control

Phosphorus acid or Ridomil (mefenoxam) can help control phytophthora infections, especially in the early stages of the disease, but chemicals cannot resurrect trees that are badly damaged by phytophthora.

It is always best to protect your fruit trees by routinely spraying phosphorus acid (sold as Agri-fos) once in spring, summer and autumn. You must strictly follow the manufacturer's recommendations for these chemicals, especially Ridomil.

Phosphorus acid sold as Agri-fos should not to be confused with phosphoric acid. Both chemicals are commonly used in horticulture, but they have very different uses. Phosphorus acid has some fungicidal activity and is often used to prevent or treat phytophthora root rot in a range of crops.

On the other hand, phosphoric acid is used as a phosphorus fertilizer, especially in hydroponic and fertigation systems, because it is very soluble in water. Each product has its specific use and they are not interchangeable.

해석: **화학적 제어**

인산이나 리도밀(메페녹삼)은 특히 질병 초기 단계에서 식물성 곰팡이 감염을 통제하는 데 도움이 될 수 있지만, 화학물질은 식물성 곰팡이에 의해 심하게 손상된 나무를 되살릴 수 없습니다.

봄, 여름, 가을에 한 번씩 인산(Agri-fos로 판매)을 정기적으로 살포하여 과일 나무를 보호하는 것이 항상 가장 좋습니다. 이러한 화학 물질, 특히 Ridomil에 대한 제조업체의 권장 사항을 엄격히 따라야 합니다.

Agri-fos로 판매되는 인산은 인산과 혼동해서는 안 됩니다. 두 화학 물질 모두 원예에 일반적으로 사용되지만 용도가 매우 다릅니다. 인산은 약간의 살균 활성이 있으며 다양한 작물의 피토프토라 뿌리 썩음을 예방하거나 치료하는 데 자주 사용됩니다.

반면, 인산은 물에 잘 녹기 때문에 특히 수경 재배 및 시비 시스템에서 인산 비료로 사용됩니다. 각 제품은 고유한 용도가 있으며 서로 호환되지 않습니다.

Phytophthora 뿌리, 면류관 및 칼라 썩음병

B. MEFENOXAM (Ridomil Gold SL) Varies with method of application and size of tree 48 NA

MODE-OF-ACTION GROUP NAME (NUMBER): Phenylamide (4)

COMMENTS: Applications made in early spring and fall. Do not apply to trees within 45 days of planting.

해석:

메페녹삼 (리도밀 골드 SL) 적용 방법 및 나무 크기에 따라 다름.

작용기전군명(번호): 페닐아마이드(4)

COMMENT: 이른 봄과 가을에 적용합니다. 심은 후 45일 이내에는 나무에 적용하지 마세요.

출처: UC IPM 해충 관리 지침: CherryUC ANR Publication 3440,

켈리포니아 대학교 자연 과학부

of California Agriculture and Natural Resources

리도밀 골드는 외국에서는 체리에 등록되어 있지만 국내에서는 아직 등록이 되어있지 않으니 열매에 직접 살포를 하시면 안됩니다.

나무 아래 부분의 토양과 대목 부위에 살포 하십시요.

또한 리도밀 골드와 같이 사용해서 효과를 더 높인다는 인산 살균제가 있습니다.

인산 비료가 아니고 인산 살균제로 알고 있습니다.

아직 국내는 시판되지 않고 있으니 참고 하시기 바랍니다.

Agri-fos 600

Contains 600g/litre phosphorous acid present as the mono and di-potassium salts, in the form of a soluble concentrate.

For the control of Phytophthora root rots, canker and blackspot in Apple trees by foliar spraying, and Phytophthora cinnamomi in Avocados by trunk injection Agri-Fos 600 is both a curative and a protectant fungicide. The curative ability is only possible if crops still have enough root system remaining to transfer nutrients from the soil into the crop. A powerful and effective systemic fungicide for the control of Downy Mildew and Phytophthora diseases.

● Make applications before disease development and in conjunction with good cultural management practices.

● Use higher rate of application when disease pressure is severe.

● Do not exceed recommended application rates or apply more frequently than stated on label or plant injury may occur.

● Do not apply to plants that are heat or moisture stressed.

● Do not apply to plants that are in a state of dormancy.

● Do not exceed recommended spray intervals or label rates in order to avoid plant injury.

Pack Sizes: 1L, 5L, 15L, 200L, 1000L

해석: 가용성 농축물 형태로 모노 및 디-칼륨염으로 존재하는 600g/L의 인산을 함유하고 있습니다.

사과나무의 Phytophthora 뿌리 썩음병, 궤양병 및 검은 반점을 잎에 살포하여 제어하고, 아보카도의 Phytophthora cinnamomi를 줄기에 주입하여 제어하기 위해 Agri-Fos 600은 치료적 및 보호적 살균제입니다. 치유 능력은 작물에 토양에서 작물로 영양분을 전달할 수 있는 충분한 뿌리 시스템이 남아 있는 경우에만 가능합니다. 노균병 및 Phytophthora 질병을 제어하기 위한 강력하고 효과적인 전신성 살균제입니다.

질병이 발생하기 전에 적용하고 적절한 문화적 관리 관행과 병행하여 적용하십시오.

질병 압력이 심할 경우 살포율을 높이십시오.

권장되는 적용량을 초과하거나 라벨에 명시된 것보다 더 자주 적용하지 마십시오. 그렇지 않으면 식물에 피해가 발생할 수 있습니다.

더위나 습기로 인해 스트레스를 받는 식물에는 사용하지 마십시오.

휴면 상태에 있는 식물에는 적용하지 마십시오.

식물 손상을 방지하려면 권장 살포 간격이나 라벨에 표시된 비율을 초과하지 마십시오.

이 제품으로 현저하게 줄었다는 자료는 있습니다 이 제품은 원래는 뿌리 면류관 썩음병 국내에서는 뿌리 썩음병의 치료 목적으로 리도밀 골드와 같이 사용하는 제품으로 알고 있습니다.

작가의 견해

저는 리도밀 골드를 따로 하지 않습니다.

사과 밭에 제초제를 할때는 베푸란을 넣어서 제초제와 같이 살포합니다.

체리 밭에 제초제 할때는 리도밀 골드를 혼용해서 살포합니다.

매번 할때마다 체리 밭에는 리도밀 골드를 같이 살포합니다.

체리 초창기에는 이유 없이 잘 죽던 나무들이 석회 뿌리고 제초제에 리도밀 넣고 하면서 부터는 수지 흐르면서 죽는 나무는 나와도 이유 없이 뿌리가 썩어서 죽는 나무는 확실히 덜 나옵니다.

어차피 요즘에는 두둑을 만들고 식재를 하니 위험성은 덜 할 수 있습니다.

두둑을 만들지 않고 식재된 곳은 제초제를 뿌릴때 매번 리도밀 골드를 넣으십시요.

물이 좀 차도 덜 죽습니다.

이렇게 하기 힘드신 분들은 리도밀 골드 입제가 있습니다.

이 입제를 장마가 오기 전에 나무 주변에 뿌려 주십시요.

식재후 이 년째부터 주십시요.

그렇지 않을려면 식재 전에 미리 토양에 뿌려주고 로터리 작업을 하십시오.

장마가 지나고 나서 이유 없이 죽는 나무는 거의가 다 이 병균 때문입니다.

이 병의 원인 균은 3~4가지로 알려져 있습니다.

오른쪽 사진에서 보이는 죽는 나무는 모두가 습에 의한 겁니다

즉 앞에서 설명 드린 **Phytophthora에 의해서** 죽은 거 라고 보시면 됩니다.

이런 병에 잘 걸리는 밭이 있습니다.

습 이 늘 있는 곳: 식재후 4~5년 후에 고사 시작.

습 은 없는데 관수 시실의 본 배관이 위쪽에 있어서 아래로 물을 주는밭:

식재 후 3~4 후부터 고사 시작.

습 은 없는데 몇 년 전에 우분을 엄청 넣은 토양 :

식재 후 5년 후부터 고사 시작(완전 분해가 덜되서 비가 오면 토양속에 있는 우분 덩어리가 굳어지면서 옴)

논이나 밭에 지하 수위가 낮아서 비만 오면 습이 많아지는 토양:

식재 후 2년 후부터 고사 시작.

이렇듯 모두 물 곰팡이에 의해서 고사를 하게 된다고 합니다.

곰팡이의 종류를 보면. *P. cactorum과P. syringae*가 가장 중요한 두 종입니다.

*P. cambivora와P. citricola*도 워싱딘 에시 증상이 있는 나무에서 분리되었습니다(Yamak et al. 2002; Mazzola and Brown)

식재 첫 해부터 방제를 하실 필요는 없습니다.

2년째부터 매년 일회 이상은 하시면 좋습니다 관주로 주던지 입제를 토양에 살포 하던지 하십시요.

관주로 주는 거는 일년에 한 번이지만 입제로 살포하는 거는 일년에 두 번 정도 해 주시면 좋습니다.

이른 봄에 한 번 장마 직전에 한 번 이 정도면 어느 정도 예방은 된다고 합니다.

모든 농약이 마찬가지겠지만 농약만으로 완벽해 질수는 없습니다.

근본적 으로 식재시 두둑을 만들어서 습의 방해를 막아야 하고 잡초를 없애는것이 첫 번째로 병행 해야될 일입니다.

Phytophthora Root and Crown Rot

위의 사진도 수지가 흐르는 거지만 병원균은 물 곰팡에 의한 또는 가지치기후 줄기 썩음병의 일종으로 같은 병원균에 의한 증상입니다.

줄기에 오는 거는 다르다가 아닙니다.

수지가 나온다고 전부 수지병이라고 볼수 없습니다.

수지병 예방보다 앞서는 예방이 뿌리 썩음병이나 줄기 썩음병입니다.

저 개인적으로 이 병으로 예방의 첫 번째는 풀입니다.

나무 밑에 풀이 있으면 무조건 옵니다.

부직포를 씌워 놓았으면 무조건 옵니다.

두둑을 만들지 않으면 잘 옵니다.

예방을 철저히 하십시요.

못다한 이야기

CHERRY ALLELES

Varieties within the same allele group should not be used to pollinize another
variety of the same group. The best pollinizers will be from a group with one or
more alleles that are different from the variety being pollinized.

GROUP 1	
ALLELES	VARIETY
S1 S2	BLACK TARTARIAN
S1 S2	GLEN RED (SEQUOIA)
S1 S2	SUMMIT
S1 S2	TULARE

GROUP 2	
ALLELES	VARIETY
S1 S3	CORAL
S1 S3	CRISTALINA
S1 S3	EARLY ROBIN
S1 S3	OLYMPUS
S1 S3	REGINA
S1 S3	ROYAL LEE
S1 S3	RUBY
S1 S3	SAMBA
S1 S3	VAN

GROUP 3	
ALLELES	VARIETY
S3 S4	BING
S3 S4	BURGUNDY PEARL
S3 S4	EMPEROR FRANCIS
S3 S4	LAMBERT
S3 S4	ROYAL ANN (NAPOLEON, QUEEN ANNE)
S3 S4	SOMERSET

GROUP 4	
ALLELES	VARIETY
S2 S3	CAVALIER
S2 S3	ORONDO RUBY

GROUP 6	
ALLELES	VARIETY
S3 S6	ATTIKA (KORDIA)
S3 S6	STARK GOLD

GROUP 7	
ALLELES	VARIETY
S3 S5	HEDELFINGEN

GROUP 9	
ALLELES	VARIETY
S1 S4	BLACK REPUBLICAN
S1 S4	CHINOOK
S1 S4	EBONY PEARL
S1 S4	GARNET
S1 S4	RAINIER
S1 S4	ROYAL RAINIER
S1 S4	TIP TOP (SKYLAR RAE®)

GROUP 13	
ALLELES	VARIETY
S2 S4	SAM

GROUP 16	
ALLELES	VARIETY
S3 S9	CHELAN
S3 S9	EARLY BURLAT
S3 S9	TIETON

GROUP 17	
ALLELES	VARIETY
S4 S6	BLACK GOLD
S4 S6	MINI ROYAL
S4 S6	ROYAL HAZEL

GROUP 18	
ALLELES	VARIETY
S1 S9	BROOKS

GROUP 36	
ALLELES	VARIETY
S5 S9	COWICHE

GROUP 45	
ALLELES	VARIETY
S4 S13	BLACK PEARL

NON CLASSIFIED	
ALLELES	VARIETY
S1 S13	RADIANCE PEARL

UNIVERSAL DONOR	
ALLELES	VARIETY
S1 S4'	LAPINS
S1 S4'	SANTINA
S1 S4'	SKEENA

UNIVERSAL DONOR	
ALLELES	VARIETY
S3 S4'	INDEX
S3 S4'	SELAH
S3 S4'	SONATA
S3 S4'	STACCATO
S3 S4'	STELLA
S3 S4'	SWEETHEART

UNIVERSAL DONOR	
ALLELES	VARIETY
S4' S9	BENTON

501 DEERINGHOFF RD., MOXEE, WA 98936 509.453.4656 OFFICE@POLLENPRO.NET POLLENPRO.NET

BLOSSOM-THINNING | POLLEN | APPLICATION EQUIPMENT | 2022

출처: https://www.pollenpro.net/cherry-sallele-chart

결과지에 열리는 체리의 양

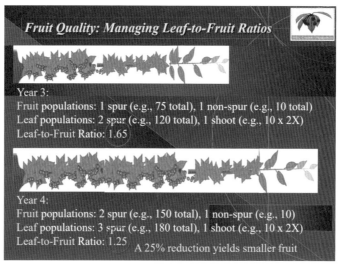

결과지를 그냥 두었을 때 3년차와 4년차에 결과지에 열리는 체리의 양

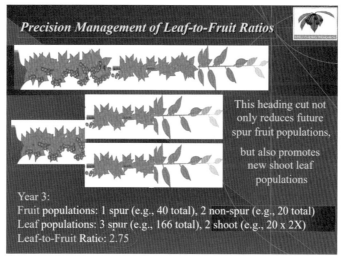

3년차에는 75에서 4년차에는 150으로 늘어나고

최초 1년생의 가지는 180g으로 늘어난다는 그림

헤드컷(두절)을 하면 내년에 열릴 과일의 숫자가 줄어 들고 새로운 가지가 나온다는 내용이며 잎이 없을 때는 자르고 잎이 많을 때는 자르지 마라는 이야기입니다. 체리 잎과 열매의 비율은 열매 한개당 2.75개의 잎이 필요하다는 내용입니다.

수형에 따른 수확량 비교

●●●

이 비교 표는 절대적이지 않고 평균적이라는 걸 알아 두십시오.

4년째일 때 예상 수확량

위에 표에서 보듯이 신 수형의 대목은 극 왜성 일수록 수확량이 늘어 납니다.

국내 에서는 크림슨 5번 대목과 콜트를 이용한 재배법으로는 절대 위 도표의 수확량을 따라 갈수가 없고 신 수형을 가지고 갈수도 없는 실정 입니다.

아래의 도표는 5년차의 예상 수확량 입니다.

여기 에서도 마찬가지로 왜성 대목일수록 수확량은 많아 집니다.

콜트나 크림슨 5번으로 도전 하는 거는 쉽지 않다고 보고 저는 이런 수형을 추천하지 않습니다.

훗날 극 왜성 중에서 습에 강한 대목이 나온다면 고려해 볼 수 있는 수형이니 참고하십시오.

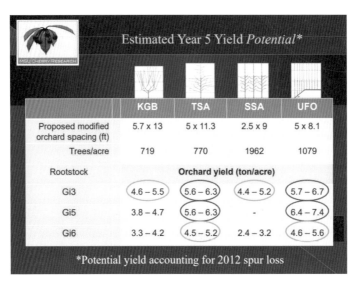

출처: Small-Scale Cherry Production, Big Time Market Opportunities
Gregory Lang Michigan State University

서리 피해에 대한 대책

●●●

서리피해가 발생하기 쉬운 기상조건

● 저온 건조한 이동성 고기압이 통과할 때, 바람이 없고 맑으면서 야간에 기온이 어는
점 이하로 떨어지는 날에 발생하기 쉬움
● 개화기에 낮 기온이 높아도 공기의 냉각이 급속히 일어나고 자정 온도가 3~4℃가 된
다면 서리가 내릴 확률이 높음

저온 · 서리피해 양상

● 개화 직전 또는 개화기 저온피해 온도
● 사과: -2.2℃ / 배: -1.9℃ / 포도: -0.6℃ / 복숭아: -1.1℃/체리: -1.0℃

꽃봉오리 중 저온에 약한 순서: 암술 > 수술 > 꽃잎

꽃이 만들어지는 초기 단계에서 저온피해를 받으면

● 꽃잎이 열리지 않거나 열려도 암·수술이 정상적으로 발육하지 못하고 갈변하며 꽃자루가 짧아짐

개화기 전후로 저온피해를 받으면

● 암술머리와 밑씨(배주)가 검은색으로 변하며, 심한 경우에는 개화하지 못하고 말라 죽거나 개화하더라도 결실을 맺지 못함

● 수정이 되더라도 열매모양이 굴곡지게 되고 기형과가 되어 조기낙과 됨

● 어린 잎은 물에 삶은 것처럼 검게 마르거나 오그라듦

저온·서리피해 대책

● 연소법: 톱밥, 땔나무, 왕겨 등을 태워서 과원 내 기온을 올려주는 방법

● 송풍법: 바람으로 냉기류가 머물지 않고 흘러가도록 하는 방법

● 살수법: 물을 뿌려주어 잠열을 이용하는 방법(잠열 80cal/물1g)

출처: 농진청

위의 시스템 외에도 송풍이라든지 열풍기를 가미한 송풍이 요즘에는 인기라지만 아직은 완벽한 기술은 없는것 같습니다.

저도 작년에 열풍 송풍기를 설치 할려고 했더니만 아직 완성 되거나 데이터의 미비로 갑자기 보조 사업이 없어지는 바람에 설치를 못하고 아래 제품을 사용합니다.

특허받은 제품이라 일반 제품 하고는 다르다고는 합니다.

-6℃까지 견디는 제품이라더군요.

외국이나 다른 제품들은 -3℃까지를 기준 으로 삼고 있는데 이 제품은 -6℃라고 해서 알아 보니 이걸 만드시는 분들이 -12℃에서도 얼지 않은 특허를 보유하고 있다는 말을 들었습니다.

이 제품이 완벽 하다고는 할수 없지만 저는 미리 준비를 해놓고 체리의 개화기가 다가오고 풍선기에 접어들은 상태에서 내일이나 모래쯤에 영하로 아침 온도가 내려 간다고 하면 오늘 저녁에 즉 2일 전 쯤에 과원에 천천히 살포합니다.

1000 리터의 물에 4리터를 넣고 뿌려 줍니다.

단가는 좀 비싸더군요.

하지만 아직 서리 대책에 완벽한 거는 없다고 하고 농업인은 서리가 올거 같다고 하면서 가만히 앉아 있을수 만은 없지 않겠습니까.

어떻게든 뭔 일이든지 하나는 해봐야 하니까요.

　　2023년에 농진청에서 개발한 통로형 온풍법은 효과가 좋다는 말도 있으니 참고 하세요 (이 장치는 2025년 이후 농가보급 예정입니다).

체리수확

●●●

    미국이나 유럽에서는 최소 4번의 색이 나와야 수확을 하고 5번을 수확 시기라고 인식 한다고 합니다.

    우리나라도 지역에 따라서 다르겠지만 저는 4번에서는 무조건 수확 하라고 합니다.

    남부 지방이나 고 지대 에서는 5번 까지 색상이 나와야 하지만 중부 지방에서는 5번의 색상으로 가다 보면 초파리의 공격에 감당이 안 될지도 모릅니다.

    체리는 품종에 따라 다르고 지역에 따라 다르다고 봅니다.

    무조건 저 색깔이 나와야 한다?????

    아닙니다.

    날씨가 이상 하면 좀 덜 익었어도 수확 하는게 저는 맞다고 봅니다.

    물론 완벽하게 익은것 보다는 가격이 덜 나오겠지만 변덕스런 날씨로 버리는것 보다는 수확 해서 판매를 하는게 우선이라고 봅니다.

체리가 익은것 인가요??????

품종도 모르는데 이게 익은건지 어찌 알겠습니까?

이 말이 정답입니다.

어느 정도 되면 저는 3번의 색만 나와도 수확 할때가 되었다고 봅니다.

브룩스라는 품종이 있습니다.

우리나라에 수입되는 브룩스라고 표기 된 체리를 보면 정말 검고 단단하고 맛있습니다.

과연 미국의 브룩스는 검고 단단할까요?

아닙니다. 자료를 보면 부룩스는 연한 붉은 색입니다.

이때 수확을 하라고 되어있습니다.

물론 변종으로 진한 빨강색도 있다고 하지만 가장 넓게 식재된 거는 연한 붉은색 입니다.

검은 색이 아닙니다.

어떤 자료를 봐도 흑자색이라고 표현을 안 합니다.

그 만큼 우린 체리를 모르고 체리 재배를 한다고 보시면 맞을 겁니다.

아래 사진이 코랄샴페인 인데 국내에서는 브룩스라고 하고 코랄이라고도 합니다.

브룩스는 과경이 2~4cm 정도로 코랄에 비하면 긴 편이지만 코랄은 짧습니다.

이 품종도 붉은 색을 가지고 수확을 해야 합니다 브룩스도 마찬가지 입니다.

하지만 열과에 워낙 취약해서 저는 권하지 않은 품종입니다.

국내에 돌아 다니는 품종이 하도 이상해서 한마디 한다는게 길어 졌습니다.

죄송합니다.

일단 체리의 수확은 무조건 아침에 해야 합니다.

오전에 끝 내는게 좋습니다.

우리나라 기온이 요즘에는 너무 빨리 올라가기 때문에 체리도 익는 속도가 다릅니다.

진천 에서는 2024년 도에 6월 10일에 수확을 끝낸 농가도 있습니다.

보름 이상을 앞 당겼다고 보셔야 할겁니다.

그 만큼 날씨 변덕이 심하니 조금 덜 익었어도 어쩔수없이 수확을 해야 합니다.

수확 하시면 최대한 빠른시간 안에 차거운 물에 넣으시면 좋습니다.

미국 자료에는 6℃의 물에 담그라고 나와 있습니다.

단 노란색 체리는 안 됩니다. 절대 물에 담그지 마십시요.

판매를 하지 못하게 될 가능성이 높습니다.

전 세계에서 가장 많이 사용되는 수확후 처리 방법은 6℃의 물 500리터 기준으로 염화칼슘(cacl2)을 오백배로 희석해서 10분 이상을 담궈서 처리 하는게 가장 보편적인 방법입니다.

그렇게 해야 저장 기간이나 꼭지 마름이 덜 하다고 합니다.

요즘에는 좀더 오래 보관을 하기 위한 연구들이 활발합니다.

Reported as recommended conditions to store cherries is the temperature range 0 to 2 ℃ and the relative humidity of 90 to 95% (Crisosto et al., 1993;Looney et al., 1996;Suran et al., 2019).

해석: 체리를 보관하는 데 권장되는 조건으로 온도 범위는 0~2℃이고 상대

습도는 90~95%라고 보고되었습니다

(Crisosto et al., 1993; Looney et al., 1996; Suran et al., 2019).

요즘에는 국내에서도 판매되는 gaba를 이용한 연구가 가장 활발 합니다.

대신 단가는 몇 배 비쌉니다.

이제 제품은 수확 1주일 전에 나무에 뿌려도 되고 수확 후 물에 혼용해서 침지해도 된다고 합니다.

Conclusions

The overall results lead us to conclude that preharvest GABA treatments, especially at a 50 mM dose, make for increased sweet cherry organoleptic quality at harvest which is maintained during storage at higher levels than in control fruits, due to reduced weight, firmness and acidity losses. In addition, antioxidant compounds are enhanced, leading to improved health benefits for sweet cherry fruit consumption. Finally, the higher activity of antioxidant enzymes, together with the higher content in phenolics and anthocyanins, could contribute to reduce the oxidative stress in fruit and to delay the postharvest ripening and senescence process, and in turn, the storage period with proper quality could be extended.

출처: Int J Mol Sci. 2024 Jan; 25(1): 260.

Published online 2023 Dec 23. doi: 10.3390/ijms25010260

해석: 전반적인 결과를 통해 수확 전 GABA 처리, 특히 50mM 용량은 수확 시 달콤한 체리의 관능적 품질을 증가시키고, 이는 무게, 단단함 및 산도 손실이 감소하여 저장 중에도 대조군 과일보다 높은 수준으로 유지된다는 결론을 내

릴 수 있습니다. 또한 항산화 화합물이 강화되어 달콤한 체리 과일 소비에 대한 건강상의 이점이 향상됩니다. 마지막으로, 항산화 효소의 활성이 더 높고 페놀과 안토시아닌 함량이 더 높으면 과일의 산화 스트레스를 줄이고 수확후 숙성 및 노화 과정을 지연시킬 수 있으며, 결과적으로 적절한 품질을 갖춘 저장 기간을 연장할 수 있습니다.

저는 수확 후 가장 중요한 걸로는 줄기가 오랫동안 마르지 않고 유통되는데 관점을 두었기 때문에 이제품을 쓰지만 유통이 기간이 길지 않거나 저장 기간을 길게 가지 않을 농가에서는 염화칼슘만으로도 충분하니 참고 사항으로만 보시고 차후 수확 량이 많아 지거나수확 시 온도가 30℃를 넘나들게 되면 한 번 생각해 보시길 권해 드립니다.

전정 후 바르는 농약

● ● ●

Sealing Tree Wounds: Is It Necessary?

나무 상처를 봉합하는 것은 필요한가?

일반적으로 모든 농가에서 저 한테 자주 물어보는 질문입니다.

저도 처음에는 많이 발라 봤습니다.

하지만 지금은 바르지 않습니다.

국내에서 가장 많이 쓰고있는 제품입니다.

외국에서도 가장 많이 사용합니다.

하지만 요즘에는 거의 사용을 하지 않습니다.

How Sealants Can Harm Tree Health

Trees have their own wound dressings in the form of callus tissue. Sealing tree wounds prevents this tissue formation, traps moisture, and can provide the ideal conditions for fungal growth. In most cases, you should allow the trees to heal themselves.

Should You Use a Tree Pruning Sealer?

Where did you first hear that you should seal pruning cuts? Was it perhaps from a company that makes a product that performs this function? It is better to use the right trimming technique and let the tree heal on its own. But why?The sealant slows recovery, and the sealed-in moisture can cause the wood to rot.

When Should You Use Sealant?

Sealers are not completely useless, however. An old or unhealthy treemay benefit from these products if you have to prune it or if a branch breaks off. Oaks and elms, in particular, are susceptible to wilt diseases, so sealing tree wounds on these speciesmakes sense when there is disease around.

출처: Feb 12, 2023| General Tree-Related Tips https://arboristaboard.com/

해석: 실런트가 나무 건강에 해를 끼칠 수 있는 방법

나무는 굳은살 조직 형태의 상처 드레싱을 가지고 있습니다. 나무 상처를 봉합하면 이 조직 형성을 막고, 습기를 가두며, 곰팡이가 자랄 수 있는 이상적인 조건을 제공할 수 있습니다. 대부분의 경우 나무가 스스로 치유되도록 해야 합니다.

나무 가지치기 실런트를 사용해야 할까요?

가지치기를 봉해야 한다는 말을 처음 어디서 들었나요? 아마도 이 기능을 수행하는 제품을 만드는 회사에서 들었나요? 올바른 트리밍 기술을 사용하고 나무가 스스로 치유되도록 두는 것이 좋습니다.

하지만 왜? 실란트는 회복을 늦추고, 봉인된 습기는 목재를 썩게 할 수 있습니다.

언제 실란트를 사용해야 하나요?

하지만 실러가 완전히 쓸모없는 것은 아닙니다. 오래되거나 건강하지 못한 나무는 가지치기를 해야 하거나 가지가 부러졌을 때 이 제품으로부터 이익을 얻을 수 있습니다.

특히 참나무와 느릅나무는 시들음병에 걸리기 쉽기 때문에 주변에 병이 있는 경우 이 나무 종의 나무 상처를 봉합하는 것이 합리적입니다.

2015년까지만 해도 거의 모든 자료에서 두 가지 중 하나를 쓰라고 나왔습니다.

요즘에는 특정한 나무 이외에는 그냥 두라고 합니다.

단 가지치기 후 비를 맞지 않는게 좋다고 합니다.

저도 사용하지 않습니다.

특별하게 늙은 사과 나무 가지를 자르거나 썩어가는 체리 나무를 자를때 외에는 사용을 하지 않습니다.

하지만 어디 까지나 본인의 판단 이기에 저는 강요는 하지 않습니다.

체리 나무에 이끼가 많이 자라고, 줄기 전체에 이끼가 끼고, 가지에 이끼 덩어리가 있는 것은 건강에 해롭습니까?

나무 줄기에 이끼가 자란다고 해서 반드시 나무가 죽어가고 있다는 것을 나타내는 것은 아닙니다.

이끼는 종종 습하고 그늘진 환경에서 잘 자라는 비관속 식물이며 건강한 나무와 어려움을 겪고 있는 나무에서 자랄 수 있습니다.

고려해야 할 몇 가지 사항은 다음과 같습니다.

1. **건강 지표**: 이끼 자체는 나무에 해를 끼치지 않지만, 이끼가 있으면 나무가 습한 환경에 있다는 것을 나타낼 수 있으며, 이는 부패나 곰팡이 감염과 같은 다른 문제가 발생하기 쉽습니다.

2. **성장 조건**: 이끼는 일반적으로 오래되고 그늘진 나무, 또는 껍질이 거친 나무에서 자라는데, 이는 모두 건강하고 성숙한 나무의 특징일 수 있습니다.

3. **나무 건강**: 죽어가는 나무는 시든 잎, 죽은 가지, 벗겨지거나 병변이 있는 나무껍질과 같은 다른 징후를 보일 수 있습니다. 이끼와 함께 이러한 증상을 발견하면 더 조사해 볼 가치가 있을 수 있습니다.

4. **습기와 성장**: 나무가 지속적으로 습기가 많으면 썩음과 같은 문제가 발생할 수 있으며, 특히 나무가 이미 약해진 경우 더욱 그렇습니다.

요약하자면, 나무 줄기에 이끼가 있다는 것은 나무의 건강 상태를 직접적으로 나타내는 신호는 아니지만, 나무가 실제로 죽어가고 있는지 또는 다른 문제가 있는지 확인하기 위해 다른 증상을 관찰하는 것이 중요합니다.

하지만 토양이 너무 습하거나 다른 병징이 보이면 바로 치료 하셔야 합니다.

사과 재배에서 이끼는 큰 문제가 됩니다.

이끼가 너무 많으면 사과 꼭지 부분에 이끼가 끼기 때문입니다.

하지만 외국의 사례나 국내에서 체리 열매에 이끼가 있다는 말은 들어보질 못했습니다.

이끼 제거 하는데는 초산 칼슘이 도움이 많이 됩니다.

너무 많이 끼었다 싶으면 이른 봄에 빙초산에 요소를 혼용해서 살포 하시면 (천배~500배)효과는 좋습니다.

체리의 월별 작업일지

이 부분은 제가 가장 망설였던 부분입니다.

농장마다 다르고 식재 년 수가 다른데 똑같이 관리를 한다는 건 잘못된 겁니다.

하지만 보통의 경우 평균적이고 보편적이라고 생각 하시고 기준은 열매가 열리는 나무 즉 식재 오년생 정도라고 보시면 좋겠습니다.

제가 이렇게 관리하면 좋습니다. 라고 올려 드리지만 어디까지나 모든건 본인의 몫입니다.

저는 많이 응용 하시라고 적어 드리는 거지 무조건 이렇게 하라는건 아닙니다.

농사는 본인의 몫입니다.

그래서 응용이 중요합니다.

4년생 겨울 눈 위에 입상 황산가리를 주십시요.

주당 2~3 주먹 정도면 됩니다.

우리 집은 그늘이 지거나 비료를 많이 준 농장은 좀 더 주십시요.

2월 말~3월 초 기계유제를 하십시요.

4년생 이하는 하지 마십시요.

500리터 물에 2~3리터를 넣고 깍지벌레 약을 혼용하십시요.

파라핀 오일을 사용할 경우 약병의 레벨 지침을 따르십시요.

3월 초 순경 모터가 얼지 않을 정도면 관주를 하십시요.

관주시 천 평당 꽃개 아미노 10리터 1~2통을 물에 타서 주십시요.

일주일 간격으로 두 번 이상 주십시요.

비가 오지 않음 물은 일주일 간격으로 푸짐하게 주십시요.

3월 중순 1차 목면 시비를 하십시요.

앞의 내용 중 목면시비 요령을 따르십시요.

다이센엠과 옥사이클린 혼용이 가능합니다.

무조건 질산 칼슘을 사용 하십시요.

1차 목면 시비 후 베푸란 또는 리도밀골드를 주십시요.

이 농약은 목대 접목 부위부터 아래 부분에 그리고 나무 주변 토양에도 하십시요.

물에 혼용해서 하기 힘드신 분들은 리도밀 골드 입제를 사다 1~2주 먹을 나무 주변에 뿌리십시요(식재 첫해는 주지 마십시요. 2년째 부터는 한 주먹 정도씩 주어도 됩니다)

3월 말경 2차 목면시비를 하십시요.

이때도 질산 칼슘을 사용하십시요.

델란과 옥솔린산은 혼용이 가능 하나 세균성 병해가 걱정되지 않은 농가는 델란만 하십시요. 옥솔린산과 혼용이 가능한 델란은 입상 수화제입니다.

개화 직전에 이프로 디온을 하십시요.

우리나라 에서는 정확한 사용 방법이 없지만 미국이나 유럽 에서는 개화 이후에는 절대 사용 금지라고 되어 있으니 참고 하십시요.

꽃 잎이 날리면 첫 방제를 하십시요.

에이플 플러스와 프로큐어 또는 라이몬을(둘중에 한가지 선택) 하십시요.

이때 저는 뷸템 플러스를 혼용 살포합니다.

파카(parka 열과 예방제)도 이때 혼용 살포합니다.

일주일 후 두 번째 방제를 하십시요.

실바코와 주렁을 사용 합니다.

만약 구매가 어려우면 일차 방제 처럼 에이플 플러스와 프로큐어를 해도 됩니다.

이때 포미나나 비대원을 하시면 됩니다.

저는 생장 조절제를 하기 싫어서 발효 인산가리 와 뷸템 플러스를 혼용 살포합니다 농약이랑 같이요.

(만약 농약만 하게 될 경우는 일 주일 후에 발효 인산가리와 뷸템 플러스를 같이 혼용해서 농약은 하지 않고 이것만 살포합니다)

(트리거비를 사용하실 농가들은 이때주시면 됩니다)

일주일 후 세 번째에는 방제를 하지 않고 칼슘제와 발효 인산가리만 살포합니다.

이때 규산도 같이 처리해 주십시요.

일주일 후 방제로는 세 번째 방제이니 실바코, 에이플 플러스, 푸르겐 중에 하나를 넣고 토리치나 캡처 중에 하나를 넣고 뿌려 줍니다.

조생종 중에 경핵기(색깔이 노래지면) 파카를 혼용 살포 하십시요.

중생종이나 만생종은 경핵기가 안 되었으면 노란색이 나오면 살포 하십시요.

(다음 방제시에 혼용살포)

일주일후 중만생종은 파카를 하십시요.

규산과 혼용이 가능 하다면 혼용 살포 하십시요.

세력이 너무 좋은 나무는 발효 인산가리를 하십시요.

세력이 안정 되었으면 황산가리를 혼용 살포하십시요.

네 번째 방제

옥솔린산과 응애약(지존). 체스. 이 세가지 농약을 혼용 살포 하십시요.

황산가리를 혼용 살포 하십시요.

일주일 후면 조생종 부터 수확을 할수있을 겁니다.

수확기에는 저는 농약을 사용하지 않습니다.

만약 이상이 있으면 친환경 약제를 사용하시던지 황(아즈모)이나 이산화 염소수(bbt)를 사용하여 살균하고 초파리 위험이 있는 만생종 때쯤 되면 4~5일에 한 번 테르펜을 사용합니다.

수확기에도 황산가리는 2회이상 살포합니다.

수확기는 위의 그림을 참조하여 너무 검은색으로 변하기 전에 수확 하십시요.

품종에 따라서 수확 적기가 다르므로 첫해부터 자주 드셔 보셔야 합니다.

너무 익어서 수확하면 판매할 때 어려우니 약간 이르다 싶을때 수확 하십시요.

새 피해는 극조생 품종이 아니면 잘 오지 않습니다.

버드엑스는 직박구리만 못오게 합니다.

까치는 큰 영향을 안 받으니 참고 하십시요.

체리는 직박구리가 잘먹지 까치는 잘 먹지 않습니다.

연육 종 체리는 수확 후 물에 담그면 절대 안됩니다.

저장고에 넣어도 안됩니다.

흑자색 계통의 체리는 수확후 최대한 빠른 시간 안에 차거운 물에 담그세요.

물에 염화칼슘을 풀어서 담그시면 꼭지 저장이 길어진다고 하니 참고하시고 5분정도 차거운 물에 담근후 물 빠지는 바구니에 담아서 저장고에 바로 넣으시면 좋습니다.

저장고의 온도는 오래 보관 하실거면 1~2도.

바로 빼서 판매하드래도 5도를 넘어가면 안좋습니다.

7월 초에 할일

수확 끝나면 황산 마그네슘과 레빅사 아님 포리옥신을 살포하세요.

이때 살충제 라이몬 또는 펜텀을 혼용 하세요.

5년 이상된 나무는 여름 전정으로 안쪽으로 난 가지를 잘라 주세요.

7월 말 또는 8월 초에 할 일

7월 초에 했던 방식이나 농약을 바꿔서 살포하세요.

붕사를 바닥에 뿌리시던지 농약과 혼용 하던지 해주는 시기입니다.

붕산으로 엽면 살포시 에는 천배 보다 진하게 하서도 됩니다.

5년이 안된 나무는 자식 현상이 오는 시기이니 필히 닭발 정리를 해주세요.

8월 말이나 9월 초에 할 일

날이 더워서 벌레들이 창궐하면 살충제를 하십시요.

2023년처럼 더울 때는 두 가지 살충제를 혼용해서 살포하서야 합니다.

체리에 등록 되어있는 살충제로 저는 프로큐어와 캡처를 혼용해서 살포합니다.

닭발 정리를 못해서 자식 현상이 발생하면 이때라도 닭발 정리를 해주세요.

9월 말이나 10월 초에 할 일

마지막 제초제를 하십시요.

저는 제초제를 살포할 때 무조건 리도밀 골드를 혼용 살포 합니다.

이 방식은 봄부터 계속 이때까지 해오면 좋습니다.

11월 말이나 12월 초에 할 일

낙엽이 지지 않은 않은 나무를 낙엽지게 만드세요.

특히 남부지방에서는 반드시 실시 하세요.

인산 가리를 250배로 살포 하세요.

남부지방이나 비가림 또는 하우스에서 재배 하시면 11월 중에는 무조건 해주시는게 좋습니다.

(질소로 낙엽을 지게 만드는 방법이 있습니다. 하지만 묘목에만 적용을 해봤고 식재된 나무에는 적용을 해보지 않았습니다. 보통 묘목식재하신 분들은 요소를 사용합니다)

한해 동안 고생하신 여러분들에게 감사드리고 박수를 보내드립니다.

고생하셨습니다. 그리고 감사합니다.

책을 쓴다는 것은 무수한 의문의 반복인 거 같습니다.

사실 안의 내용이야 한 두달이면 전부 적을수 있습니다.

하지만 못다한 이야기나 월 별로 할일을 적으면서부터는 자꾸 반복을 하게 됩니다.

뭘 해야하지???? 뭘 했더라????? 이건 알려드려야 하는데.....

자꾸 반복하고 의문을 가지고 이걸 해서 과연 효과들을 보실까?

나는 했는데 다른 분들은 잘 될까?

체리 쉽다고 했는데 뭐가 이렇게 복잡해????

저 스스로에게 늘 반복 하다보니 마지막 부분에서 한 달이 넘어가 버립니다.

무조건 열매는 따야된다.

열매를 못 따면 체리 농사는 망하는 거니까

무조건 열매를 따서 돈이 되야 체리 농사가 유지가 되니까

저는 어떤 방식이든 많이 응용을 합니다.

요즘에는 농사를 지어 먹을게 없다고 합니다.

그래도 찾아보면 있습니다. 요즘 유럽에서는 체리 밭에 차광을 합니다.

앞으로 체리 재배를 하시면 좋은 일들이 많아질 걸로 알고있으니 체리 재배 하시는 모든 분들 힘내시고 모두 화이팅 하십시오.

감사합니다.

2024년 11월 날라리 농부 이태형 드림